信息技术基础教程（下）

主　编　关金名　马蓉平
副主编　许维刚

北京理工大学出版社
BEIJING INSTITUTE OF TECHNOLOGY PRESS

内容简介

本书全面、透彻地介绍了 Office 2016 的相关知识，全书分为 4 章，分别介绍 Office 2016 常用的应用程序界面和基本操作；Word 2016 初级排版、图文混排、表格和图表应用、高级排版、邮件合并的应用；Excel 2016 编辑和美化工作表、管理数据、Excel 的高级制图、公式与函数的应用；PowerPoint 2016 演示文稿的制作方法，音频、视频、动画等多媒体对象的添加及相册制作等内容。

本书既适合 Office 2016 中文版初学者阅读，又可以作为院校或者企业的相关培训教材，同时，对有经验的 Office 使用者也有很大的参考价值。

版权专有　侵权必究

图书在版编目（CIP）数据

信息技术基础教程．下 / 关金名，马蓉平主编．—北京：北京理工大学出版社，2020.12（2024.1重印）

ISBN 978 – 7 – 5682 – 8961 – 0

Ⅰ.①信… Ⅱ.①关… ②马… Ⅲ.①电子计算机 – 高等职业教育 – 教材 Ⅳ.①TP3

中国版本图书馆 CIP 数据核字（2020）第 159778 号

出版发行 /	北京理工大学出版社有限责任公司
社　　址 /	北京市海淀区中关村南大街 5 号
邮　　编 /	100081
电　　话 /	（010）68914775（总编室）
	（010）82562903（教材售后服务热线）
	（010）68944723（其他图书服务热线）
网　　址 /	http://www.bitpress.com.cn
经　　销 /	全国各地新华书店
印　　刷 /	三河市天利华印刷装订有限公司
开　　本 /	787 毫米 × 1092 毫米　1/16
印　　张 /	16
字　　数 /	350 千字
版　　次 /	2020 年 12 月第 1 版　2024 年 1 月第 4 次印刷
定　　价 /	45.00 元

责任编辑 /	王玲玲
文案编辑 /	王玲玲
责任校对 /	刘亚男
责任印制 /	施胜娟

图书出现印装质量问题，请拨打售后服务热线，本社负责调换

前　言

本书的编写从满足经济发展对高素质劳动者和技能型人才的需求出发，系统、深入地介绍了办公自动化的基础知识和相关操作技巧，还融入了全球学习与测评发展中心 GLAD（Global Learning and Assessment Development）发布的 ICT（Information and Communication Technology，信息和通信技术）国际认证和商务应用专家 BAP（Business Application Professionals）国际认证，帮助学习者有效提升数字化素养及核心的计算机应用能力，确保学习者拥有最关键的计算机和互联网技能，提升个人生活质量与升学、就业、职场竞争力。

本书组织方式

本书全面、透彻地介绍了 Office 2016 的相关知识，详细讲解 Office 2016 中的重要工具。全书分为 4 章，每章都详细描述了 Office 2016 中的一种应用程序，如果您正在使用某个应用程序，可以直接阅读相关的部分。

第 1 章：欢迎走进 Office 2016 的世界

介绍了 Office 的主要应用程序中的新用户界面，以及如何执行基本操作、各组件之间的协作等内容。

第 2 章：Word 2016 文本编排

介绍了如何使用 Microsoft Word 2016 文字处理程序来创建基于文本的文档，以及如何设置这些文档的字词、段落和页面的格式；还将学习如何使用更高级的功能，例如图文混排、文表混排、邮件合并及 SmartArt 图形等。

第 3 章：Excel 2016 电子表格

介绍了如何使用电子表格程序 Microsoft Excel 2016 来管理和计算数据。将学习如何输入信息、计算信息及如何设置信息格式；还将学习如何创建功能强大的图表来描述数据，并使用数据条、迷你图和条件格式来汇总这些数据。

第 4 章：PowerPoint 2016 演示文稿制作

介绍了如何使用 Microsoft PowerPoint 2016 演示文稿程序来传达信息。这一部分解释了如何向幻灯片中添加信息、图表、SmartArt 图形和图片；还将学习如何制作相册、添加动画和自动放映幻灯片，以及如何使用演示文稿进行实际讲演。

约定和特色

书中运用二维码呈现微课视频，扫码即可查看与图书内容深度融合的精彩纷呈的微课视频。

本书中以下栏目代表需要注意的一些重要信息：

情境引入：引入案例，并结合案例提出一些问题，引发学生思考，激发学生学习兴趣。

本章学习目标：本章重点要掌握的基础知识和操作技巧，进行点睛指引。

注意：给出对应于正文内容的必要附加的辅助性信息的注意事项。

提示：通常是可以简化工作的一些信息，例如比标准方法更加简单的快捷方法等。

本章小结：对本章内容进行总结，并说明完成本章学习以后可以提高学生哪方面的实际能力。

同步测试：以选择题、填空题、判断题、简答题、上机题等形式帮助学生复习掌握本章内容。

本书适合作为计算机基础知识教育课程的教材，也可以作为信息社会计算机能力学习及提高的培训教材。

本书由关金名、马蓉平担任主编，许维刚担任副主编。具体编写分工为：关金名编写第1、2章，许维刚编写第3章，马蓉平编写第4章。

由于编写时间仓促，编者水平有限，书中难免有疏漏与不妥之处，敬请广大读者提出宝贵意见和建议，我们的反馈邮箱是 bhcygjm.163.com。

编者

目　录

第 1 章　欢迎走进 Office 2016 的世界 ····· 1
情境引入 ····· 1
本章学习目标 ····· 1
1.1　Office 2016 简介 ····· 2
1.2　启动与退出应用程序 ····· 4
1.2.1　启动应用程序 ····· 4
1.2.2　退出应用程序 ····· 4
1.3　Office 2016 各组件的工作界面 ····· 5
1.3.1　Word 2016 ····· 5
1.3.2　Excel 2016 ····· 7
1.3.3　PowerPoint 2016 ····· 8
1.4　Office 2016 的基本操作 ····· 9
1.4.1　打开文档 ····· 9
1.4.2　新建文档 ····· 10
1.4.3　保存与关闭文档 ····· 11
1.4.4　文档共享 ····· 14
1.4.5　文件的密码设置 ····· 14

第 2 章　Word 2016 文本编排 ····· 17
情境引入 ····· 17
本章学习目标 ····· 17
2.1　文档的基本操作 ····· 18
2.1.1　视图方式 ····· 18
2.1.2　文档的录入 ····· 21
2.1.3　文档的选择、复制与剪切 ····· 23
2.1.4　剪贴板的使用 ····· 25
2.1.5　文本的查找和替换 ····· 26
2.1.6　文本的撤销和恢复 ····· 27
2.2　编辑文本与段落格式 ····· 28
2.2.1　设置文本的格式 ····· 28
2.2.2　格式刷的应用 ····· 31

2.2.3 制作艺术字	31
2.2.4 设置段落对齐与缩进	33
2.2.5 样式的应用	36
2.2.6 边框与底纹的应用	37
2.2.7 项目符号与编号的应用	39
2.2.8 分栏和制表位的应用	41
2.3 表格的应用	43
2.3.1 建立表格	43
2.3.2 编辑表格	45
2.3.3 美化表格	48
2.3.4 表格的排序与计算	53
2.4 制作图文并茂的文档	55
2.4.1 为文档插入与截取图片	55
2.4.2 编辑图片	56
2.4.3 插入形状、文本框与 SmartArt 图形	62
2.4.4 插入页码	67
2.4.5 长文档的分页、分节	68
2.4.6 插入目录、题注、脚注和尾注	70
2.4.7 插入文档部件与首字下沉	73
2.4.8 插入日期、公式与特殊符号	75
2.5 审阅工具	78
2.5.1 拼写和语法检查	78
2.5.2 字数统计	79
2.5.3 修订与插入批注	80
2.6 页面设置和打印	83
2.6.1 文档的页面设置	83
2.6.2 为文档添加页眉/页脚	84
2.6.3 打印	86
2.7 Word 2016 的高级功能	88
2.7.1 定位与链接文档内容	88
2.7.2 添加封面	89
2.7.3 邮件合并	89
2.7.4 窗体域的使用	93
2.7.5 宏的使用	94
本章小结	95
同步测试	95

第 3 章　Excel 2016 电子表格···98
情境引入···98
本章学习目标···98
3.1　Excel 的基本术语···99
3.2　Excel 工作簿的基本操作··100
3.2.1　Excel 工作簿的创建···100
3.2.2　Excel 工作簿的其他基本操作···100
3.3　工作表的创建和编辑··102
3.3.1　Excel 工作表的创建···102
3.3.2　数据填充···105
3.3.3　编辑工作表···108
3.3.4　Excel 工作表的格式设置···111
3.3.5　使用条件格式分析数据···119
3.3.6　导入外部数据···122
3.3.7　定位单元格···123
3.3.8　数据验证···124
3.4　公式和函数的使用··126
3.4.1　公式的创建和编辑···127
3.4.2　公式与单元格的引用···129
3.4.3　函数概述···130
3.4.4　常用函数···131
3.4.5　其他函数···134
3.4.6　公式与函数运算常见错误···137
3.5　数据图表化··139
3.5.1　图表的基本知识···139
3.5.2　图表的相关操作···142
3.5.3　设置图表布局···143
3.5.4　编辑图表···143
3.5.5　为图表添加趋势线···148
3.5.6　使用迷你图展示数据趋势···150
3.6　数据清单功能··152
3.6.1　数据清单的基本操作···152
3.6.2　数据排序···153
3.6.3　数据筛选···153
3.6.4　数据分列···156
3.6.5　删除重复值···158

	3.6.6	分类汇总	159
	3.6.7	合并计算	160
	3.6.8	使用方案分析数据	162
	3.6.9	使用模拟运算分析数据	164
	3.6.10	数据透视表	165
	3.6.11	使用表对象	167
3.7	页面布局设置与预览打印		170
	3.7.1	页面布局设置	170
	3.7.2	打印预览与打印输出设置	176
	3.7.3	打印	177
3.8	Excel 使用技巧		179
	3.8.1	不同的文件扩展名	179
	3.8.2	简体/繁体转换	179
	3.8.3	隐藏单元格中的公式和数据	179
	3.8.4	单元格内的文本手动换行	181
	3.8.5	Excel 2016 限制和规范	181
本章小结			181
同步测试			182

第 4 章　PowerPoint 2016 演示文稿制作　184

情境引入　184
本章学习目标　184

4.1	什么是 PowerPoint		184
4.2	PowerPoint 的基本操作		185
	4.2.1	PowerPoint 视图方式	186
	4.2.2	创建与保存演示文稿	190
	4.2.3	幻灯片的管理操作	194
4.3	为幻灯片添加丰富内容		197
	4.3.1	插入文本	197
	4.3.2	插入图片	201
	4.3.3	插入表格和图表	204
	4.3.4	插入声音、影片	206
	4.3.5	插入链接和动作按钮	209
	4.3.6	添加备注	211
4.4	外观和动画效果		212
	4.4.1	主题、背景和配色方案	212
	4.4.2	版式	214

| 4.4.3   母版的使用 ··· 214
| 4.4.4   幻灯片的切换效果 ··· 225
| 4.4.5   动画效果 ··· 226
| 4.4.6   制作相册 ··· 229
| 4.5   演示文稿的放映 ·· 235
| 4.5.1   设置放映方式 ·· 235
| 4.5.2   设置放映时间 ·· 237
| 4.5.3   启动幻灯片放映 ··· 237
| 4.5.4   控制幻灯片放映 ··· 237
| 4.5.5   墨迹标注 ··· 238
| 4.6   打印与打包演示文稿 ·· 238
| 4.7   PPT 操作技巧 ··· 241
| 4.7.1   隐藏幻灯片 ··· 241
| 4.7.2   插入录制的声音 ··· 241
| 4.7.3   实现循环放映 ·· 242
| 4.7.4   根据操作目的选择视图 ···································· 242
| 4.7.5   文本分栏 ··· 242
| 本章小结 ··· 242
| 同步测试 ··· 242
| **参考答案** ··· 245

第 1 章

欢迎走进 Office 2016 的世界

情境引入

小张是一名即将毕业的大学生,他完全没有立足于竞争激烈的社会的信心。抱着忐忑的心情,小张找到了朋友老李,想咨询常年在社会上打拼的前辈关于找工作的心得。老李告诉小张:"单位更看重的是实际操作能力,具有这种能力的人才可以很快适应并胜任工作。目前很多单位都离不开电脑办公,你可以首先提高自己的 Office 办公软件的使用能力,并逐步应用于实践中。"小张问道:"那我应该怎样系统化地学习呢?"老李说:"别着急,接下来我首先介绍下利用 Office 可以完成哪些工作,再教你 Office 的一些基本操作。"

本章学习目标

能力目标:
- 能够识别 Office 中 Word、Excel 和 PowerPoint 程序的窗口组成;
- 能够启动与退出 Office 组件程序;
- 能够创建与保存新文档;
- 能够打开与备份已有文档;
- 能够保护重要文档。

知识目标:
- 了解 Word、Excel 和 PowerPoint 的功能与窗口组成;
- 掌握 Office 组件程序的启动与退出方法;
- 掌握新文档的创建与保存方法;
- 掌握已有文档的打开与备份方法;
- 掌握文档的共享方法;
- 掌握文档的加密方法。

素质目标:
- 培养严谨的工作态度;
- 培养学生创新意识。

1.1 Office 2016 简介

随着科学技术的不断发展，电脑已经遍及各家各户，工作中也普遍使用电脑进行办公。无论是企、事业单位还是政府机关，经常会涉及办公文件的使用。利用电脑办公不仅能提高工作效率，还能最大限度地共享有用的资源，节约成本。Office 2016 是微软推出的最新办公软件，它为 Microsoft Windows 和 Apple Macintosh 操作系统而开发。其中包括 Word、Excel、PowerPoint、Access 和 Outlook 等多个实用组件，用于制作具有专业水准的文档、电子表格和演示文稿，以及进行数据库的管理和邮件的收发等操作。

Office 2016 中主要组件介绍如下：

①Word 2016 是文字处理软件，它被认为是 Office 的主要程序。Word 提供了许多易于使用的文档创建工具，同时，也提供了丰富的功能集，供创建复杂的文档使用。其主要功能包括强大的文本输入和编辑功能、图文混排功能、文本校对审阅功能、邮件合并功能及文档打印功能等。Word 可制作的文档有图册（图 1-1）、信函、论文、报告和菜单（图 1-2）等。Office Word 2016 在拥有旧版本的功能的基础上，还增加了图标、搜索框、垂直和翻页，以及移动页面等新功能。

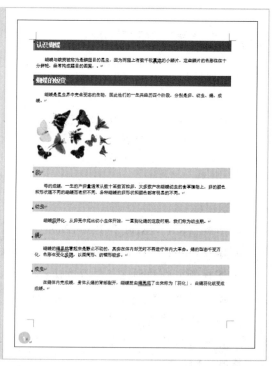

图 1-1 图册

②Excel 2016 是表格数据处理程序，广泛应用于管理、统计、财经、金融等众多领域。用户可以使用 Excel 跟踪数据，生成数据分析模型，编写公式对数据进行计算（图 1-3），以多种方式透视数据，并以各种具有专业外观的图表（图 1-4）来显示数据。

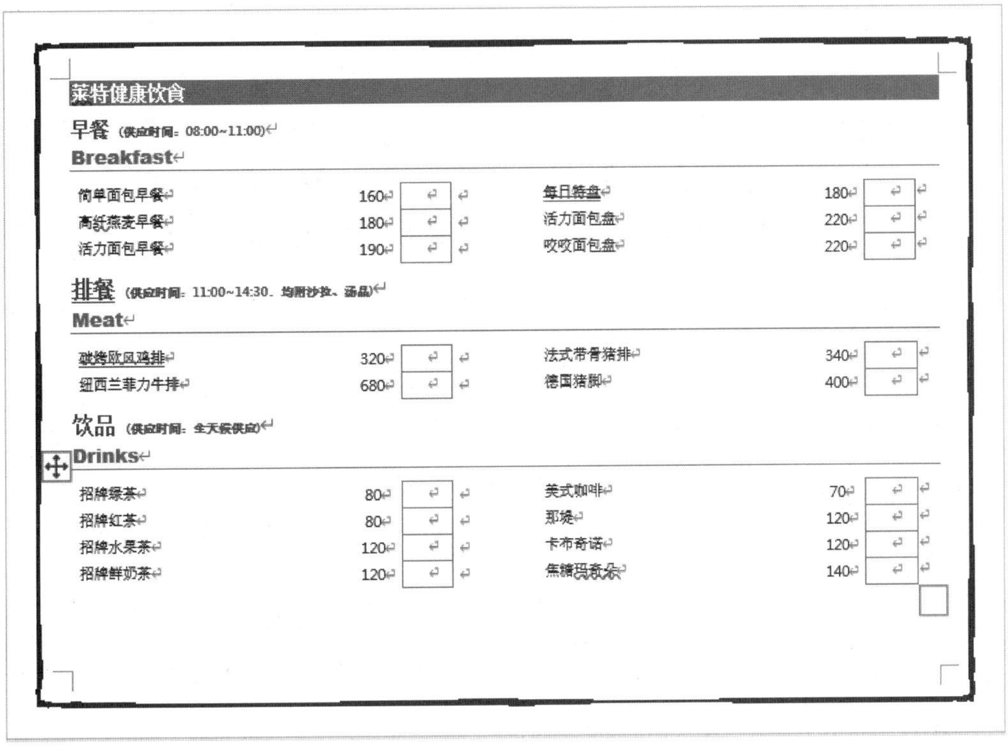

莱特健康饮食

早餐（供应时间：08:00~11:00）
Breakfast

简单面包早餐	160	每日特盘	180
高纤燕麦早餐	180	活力面包盘	220
活力面包早餐	190	咬咬面包盘	220

排餐（供应时间：11:00~14:30，均附沙拉、汤品）
Meat

碳烤欧风鸡排	320	法式带骨猪排	340
纽西兰菲力牛排	680	德国猪脚	400

饮品（供应时间：全天候供应）
Drinks

招牌绿茶	80	美式咖啡	70
招牌红茶	80	那堤	120
招牌水果茶	120	卡布奇诺	120
招牌鲜奶茶	120	焦糖玛奇朵	140

图1－2　菜单

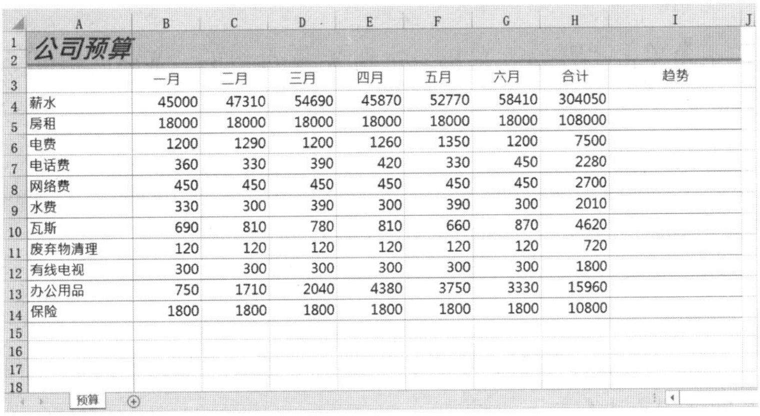

公司预算

	一月	二月	三月	四月	五月	六月	合计	趋势
薪水	45000	47310	54690	45870	52770	58410	304050	
房租	18000	18000	18000	18000	18000	18000	108000	
电费	1200	1290	1200	1260	1350	1200	7500	
电话费	360	330	390	420	330	450	2280	
网络费	450	450	450	450	450	450	2700	
水费	330	300	390	300	390	300	2010	
瓦斯	690	810	780	810	660	870	4620	
废弃物清理	120	120	120	120	120	120	720	
有线电视	300	300	300	300	300	300	1800	
办公用品	750	1710	2040	4380	3750	3330	15960	
保险	1800	1800	1800	1800	1800	1800	10800	

预算

图1－3　预算表

③PowerPoint 2016 主要用于创建极具感染力的动态演示文稿，还可以添加音频和可视化功能。PowerPoint 被广泛应用于课堂教学、产品发布、广告宣传、商业演示、远程会议等领域。用户可以在投影仪或者计算机上进行演示，也可以将演示文稿打印出来，以便应用到更广泛的领域中。此外，PowerPoint 2016 可与其他人员同时工作或联机发布。

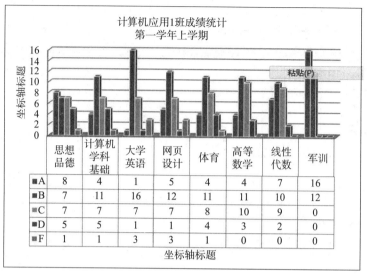

图 1-4 图表

1.2 启动与退出应用程序

1.2.1 启动应用程序

在 Windows 10 操作系统中，启动 Office 2016 各组件方法类似，下面以 Word 2016 为例介绍如下。

- 在桌面左下角单击"开始"菜单，找到 W 字母组的"Word 2016"命令，或者在"开始"菜单中选择"高效工作"中的"Word 2016"命令，如图 1-5 所示。
- 创建了 Word 2016 的桌面快捷方式后，双击桌面上的快捷方式图标。
- 任务栏中的快速启动区添加了 Word 2016 的链接后，单击任务栏中 Word 图标。
- 双击已有 Word 文档即可启动相应的组件并打开该文档。

1.2.2 退出应用程序

当不再使用 Office 2016 的某个组件时，应退出应用程序，以减少对系统内存的占用。退出 Office 2016 的常用方法有如下 4 种。

- 单击标题栏右边的"关闭"按钮。
- 右击，在弹出的窗口控制菜单中选择"关闭"命令。
- 选择"文件"菜单，再单击"退出"命令，即可退出该程序。
- 按下 Alt + F4 组合键。

如果在关闭文件时，用户未保存文件，Word/Excel/PowerPoint 会询问用户是否保存已经做出的更改。这是在退出程序前最后一次保存文件的机会，如图 1-6 所示。单击"保存"按钮，弹出"保存"对话框，可保存后再退出；单击"不保存"按钮，可不保存而直接退出，之前的更改将消失；单击"取消"按钮，取消关闭操作，可继续编辑文本。

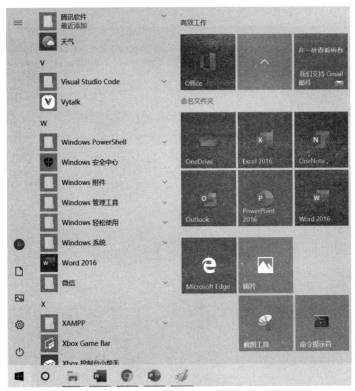

图1-5 "开始"菜单

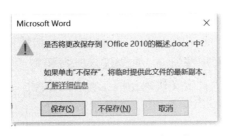

图1-6 询问是否保存文件

1.3 Office 2016 各组件的工作界面

微课1-1
Word 2016 工作界面

许多应用软件都共享一些相同的元素，不管是 Microsoft 还是其他软件商的产品。Windows 设定的统一标准可以帮助读者节省学习应用软件的时间。启动任何一个 Office 软件，均可见到类似风格的操作界面。

1.3.1 Word 2016

Word 2016 用于制作和编辑办公文档，通过它不仅可以进行文字的输入、编辑、排版和打印，还可以制作出图文并茂的各种办公文档和商业文档；使用 Word 2016 自带的各种模板，还能快速地创建和编辑各种专业文档。当 Word 被启动时，一个新的文件将自动生成，默认文件名为"文档1.docx"。Word窗口中的一些组成元素如图1-7所示。

图1-7 Word 2016操作界面

1. 标题栏

位于窗口的最顶端，包括当前应用程序名称、当前文档的名称、功能区显示选项按钮（可对功能选项卡和命令区进行显示和隐藏操作）和右侧的窗口控制按钮组。窗口控制按钮可最小化、最大化/还原和关闭窗口。

2. 快速访问工具栏

在该工具栏中集成了多个常用的按钮，使用户快速启动经常使用的命令。默认情况下，有"保存"按钮、"撤销键入"按钮、"重复键入"按钮和"自定义快速访问工具栏"按钮。单击该工具栏最右侧的"自定义快速访问工具栏"按钮，可添加更多的命令，操作步骤如下。

步骤1：打开Word 2016文档窗口，单击"文件"选项卡，选择"选项"命令。

步骤2：在打开的"Word 选项"对话框中，切换到"快速访问工具栏"选项卡，然后在"从下列位置选择命令"列表中单击需要添加的命令，并单击"添加"按钮即可。

【注意】重复步骤2可以向Word 2016快速访问工具栏添加多个命令，依次单击"重置"→"仅重置快速访问工具栏"按钮，可以将"快速访问工具栏"恢复到原始状态。

3. "文件"菜单

该菜单主要用于执行文档的"新建""打开""保存""共享"等基本命令，菜单最下方的"选项"命令可打开"Word 选项"对话框，在其中可对 Word 组件进行常规、显示、校对、自定义功能的设置。

4. 功能选项卡

单击任一选项卡可打开对应的功能区。每个选项卡都包含了相应的功能集合。每一个功能区选项卡包含多个功能区组，每个功能区组有许多常用操作按钮。单击功能区组右下角的

"对话框启动器"按钮,可以打开相应对话框;单击功能区右下角的折叠按钮,可以控制功能区隐藏或显示。

5. 智能搜索框

智能搜索框是 Word 2016 软件新增的一项功能。通过在搜索框中输入关键字,用户可以轻松地找到相关的操作说明。

6. 文档编辑区

Word 界面中的大块空白部分是编辑区域,在此区域可以进行文档的输入、删除、修改等操作。在文档编辑区有一个闪烁的光标,称为文本的插入点,该光标所在位置便是文本的起始输入位置。

7. 状态栏

位于操作界面的最底端,显示正在编辑的文档的工作状态信息。包括当前页数、字数、输入状态等。

8. 视图按钮

用于更改文档的显示模式,以符合要求。

9. 显示比例调节滑块

用于更改文档的显示比例,此比例不影响打印输出。拖动缩放滑块可放大或缩小编辑区,更方便用户编辑。如果单击两端的加号和减号,每次可以调整 10%。它的快捷键是 Ctrl + 鼠标中键滚轮。

【知识拓展】用户可以自定义 Word 2016 状态栏,操作步骤如下:在状态栏中单击鼠标右键,打开"自定义状态栏"快捷菜单。单击快捷菜单上的某个命令,即可在状态栏上添加或移除该命令。

1.3.2 Excel 2016

Excel 2016 用于创建和维护电子表格,通过它还可以对表格中的数据进行计算、统计等操作,甚至能将表格中的数据转换为各种可视性图表显示或打印出来,方便对数据进行统计和分析。当 Excel 被启动时,一个新的工作簿文件将自动生成,默认文件名为 Book1.xlsx。Excel 窗口中的组成元素如图 1-8 所示。

Excel 窗口组成与 Word 类似的地方不再赘述,此程序特有的窗口区域是编辑栏和工作表编辑区两个部分。

1. 编辑栏

编辑栏由名称框、编辑按钮和编辑框三部分组成。名称框:用来显示当前单元格的地址和函数名称或定位单元格。将鼠标指针定位到编辑栏中或双击某个活动单元格时,将激活"编辑"按钮。其中,"×"按钮用于取消输入内容;"√"按钮用于确认输入内容;"f_x"为"插入函数"按钮,用于打开"插入函数"对话框,通过该对话框,可以向当前单元格中插入需要的函数。编辑框主要用于显示和编辑当前活动单元格中的数据或公式。

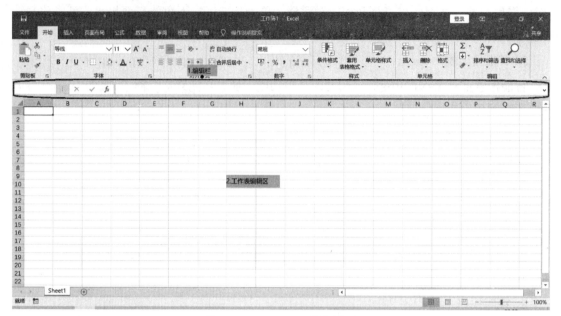

图 1-8　Excel 2016 操作界面

2. 工作表编辑区

工作表编辑区是 Excel 编辑数据的主要场所，表格中的内容通常显示在工作表编辑区，用户的大部分操作也需要通过工作表编辑区进行。工作表编辑区的主要元素包括列标、行号、单元格、水平滚动条、垂直滚动条和工作表标签。列标和行号用于确定当前单元格的位置，如 A1 单元格即表示该单元格位于第 A 列第 1 行；工作表标签用来显示和管理工作表的对象，单击"⊕"按钮，将新建一张工作表；当工作簿中包含多张工作表时，便可单击工作表标签按钮切换工作表；水平/垂直滚动条用于查看工作区中未显示完全的内容。

1.3.3　PowerPoint 2016

PowerPoint 2016 是一个制作专业幻灯片且拥有强大制作和播放控制功能的软件，用于制作和放映演示文稿，利用它可以制作产品宣传片、讲演稿、课件等资料。在其中不仅可以输入文字、插入表格和图片、添加多媒体文件，还可以设置幻灯片的动画效果和放映方式，制作出内容丰富、有声有色的幻灯片。PowerPoint 被启动时，一个新的幻灯片将自动生成，默认文件名为"演示文稿 1.pptx"。PowerPoint 窗口中的一些组成元素如图 1-9 所示。

1. 幻灯片窗格

用于显示当前演示文稿中所有幻灯片的缩略图，单击某张幻灯片的缩略图，可以跳转到该幻灯片，并可以在右侧幻灯片的编辑区中编辑其内容。

2. 幻灯片编辑区

位于工作界面的中心，用于显示和编辑幻灯片的内容，是整个演示文稿的核心，所有幻灯片都是通过它来完成制作的。

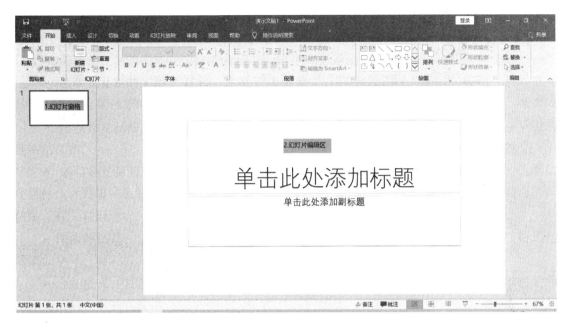

图 1-9　PowerPoint 2016 操作界面

【注意】在状态栏中间，单击"备注"和"批注"按钮，可以为幻灯片添加备注内容和批注内容，可用于对幻灯片加提醒说明。

1.4　Office 2016 的基本操作

Office 2016 中各组件功能不同，但在界面和操作上有共同部分，如对文件的打开、新建、保存、关闭等的操作方式基本相同。为防止赘述，现以 Word 2016 为例，统一介绍如下：

1.4.1　打开文档

对于已有文档，用户可以随时将其打开并进行进一步的编辑。打开文档的常用方法有以下几种：

- 双击电脑图标，找到该文档的存放路径，再双击文档图标。
- 在 Word 窗口中，单击"文件"选项卡的"打开"命令，在弹出的"打开"对话框中找到需要打开的文档并将其选中，然后单击"打开"。
- 在 Word 窗口中，按 Ctrl + O 组合键。

【知识拓展】根据使用文档的目的不同，往往需要以不同的方式打开。对于一些重要文档，需要保留一份文档的原件，可以以副本的方式打开，再对副本进行修改；如果只是需要查看文档而不需要对文档进行修改，则可以以只读形式打开它。操作步骤是：选中需要打开的文档，单击"打开"按钮右侧的下拉三角按钮，在打开的菜单中选择"以只读（或副本）

方式打开"选项即可。

1.4.2 新建文档

在 Office 2016 中新建文档包括如下几种常见的方式：新建空白文档、根据模板创建文档、利用快捷菜单等。下面以在 Word 2016 中创建文档为例，操作方法如下：

微课1-2
新建文档

1. 新建空白文档

- 启动 Word 2016 程序，单击"文件"菜单下的"新建"命令，单击空白文档。
- 在 Word 窗口中，按 Ctrl + N 组合键。

2. 根据模板创建文档

在 Word 2016 中存在预先设置好内容格式及样式的特殊模板，利用这些模板，可快速创建各种专业的文档。Word 2016 程序自带的模板很丰富，如书法字帖、求职信、宣传册、日程表等。

利用模板创建文档的方法是：单击"文件"菜单的"新建"命令，在右窗格模板列表中选择合适的模板，如图 1-10 所示，单击"创建"按钮即可。

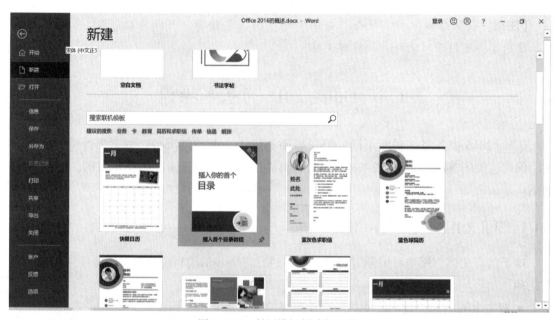

图 1-10　利用模板创建新文档

现以书法字帖为例，介绍模板的使用。其操作步骤如下：

步骤 1：单击"文件"→"新建"，在可用的模板区域选中"书法字帖"选项。

步骤 2：在"字体"区域的"书法字体"列表中选中需要的字体（如"汉仪赵楷繁"），并在"可用字符"列表中拖动鼠标，选中需要作为字帖的汉字，单击"添加"按钮，之后单击"关闭"按钮即可。此时，可以通过字帖上方出现的"书法"功能选项卡，对字帖进行进一步修改，如图 1-11 所示。

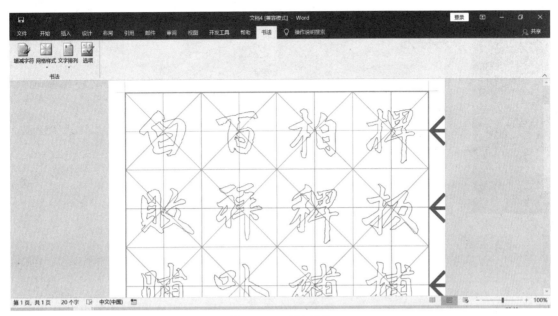

图 1-11 书法字帖

步骤 3：单击"书法"→"网格样式"，即可选择田字格、田回格、九宫格、米字格等格式。

步骤 4：单击"书法"→"选项"，在"效果"下的"空心字"选项前单击，即可将空心字转换为实心字体。

1.4.3 保存与关闭文档

保存文档是指将新建的文档、编辑过的文档保存到计算机中，便于后续查看和使用。在编辑文档过程中，要注意时常保存文档内容，避免因电脑关机、程序出错等因素造成数据丢失等不必要的损失。Word 2016 中保存文档的方法可分为保存新建文档、保存已有文档和自动保存文档 3 种。

1. 保存新建的文档

保存新建文档的方法主要有以下 3 种：

- 单击"文件"菜单的"保存"（或"另存为"）命令。
- 单击快速访问工具栏中的"保存"按钮 。
- 按 Ctrl + S 组合键。

由于文档是第一次保存，执行上面任意操作后，会打开"另存为"窗口，如图 1-12 所示。在该窗口的"另存为"列表中提供了"最近""OneDrive""这台电脑""添加位置""浏览"5 种保存方式，默认选择"最近"保存位置。单击右侧列出的最近使用的文件夹，便可打开"另存为"对话框，如图 1-13 所示。

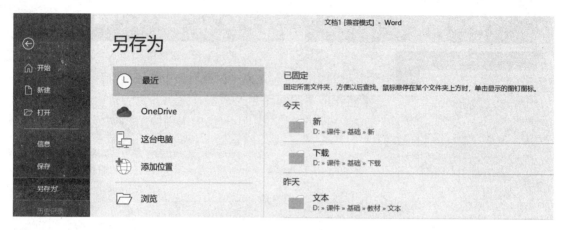

图 1-12 保存文档

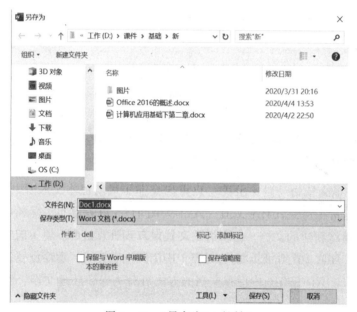

图 1-13 "另存为"对话框

此时，可将文件保存在最近使用的位置，也可通过"另存为"对话框的左侧窗格修改保存位置，然后输入文件名（Word 软件会自动将文档中的第一行填充到"另存为"对话框的"文件名"文本框中，将其默认为文件标题）。用户可以直接输入新文件名，以覆盖默认文件名，也可以对其进行修改。文件名最大允许长度为 255 个字符（包括驱动器的名称和路径，命名时要考虑文件名的描述性，以便对文件进行管理）。再选择保存类型，默认是 Word 文档（*.docx）。通过工具下拉菜单中的"常规"选项，可以添加密码以保护文件。最后单击"保存"按钮即可。

2. 保存已有文档

文档被修改后，需要重新保存。当选择"保存"命令时，不再出现"另存为"对话框，文件会直接用原来的文件名保存在原来的地方。这样做可以将最新的更改保存到原有文件中。

如果需要对已保存的文档进行备份,可单击"文件"菜单中的"另存为"命令,在打开的"另存为"对话框中按保存文档的方法操作即可。

【注意】如果用户需要以一种Word以外的格式保存文件,可以在"另存为"对话框中的"保存类型"下拉列表框中选择所需的文件类型。Word为一些常用的程序提供了大量不同的文件格式。其中一种是"文档模板(*.dotx)"格式,这种格式允许用户将文档保存为模板。这类似于Word本身提供的模板,所不同的是,用户可以使用自己的风格和自己设计的布局。

3. 自动保存文档

设置自动保存后,Word将按设置的时间间隔自动保存文档。方法是单击"文件"菜单"选项"命令,打开"Word选项"对话框,单击"保存"选项,单击选中"保存自动恢复信息时间间隔"复选框,在右侧数值框中设置自动保存的时间间隔,完成后确认,如图1-14所示。

图1-14 设置自动保存文档时间间隔

4. 关闭文档

完成文档的创建或编辑,并保存所做的工作后,即可关闭该文档。关闭文档主要有两种方法：一种是退出应用程序，文档自动关闭，操作可见 1.2.2 节；另一种是关闭文档，不退出 Word 应用程序。操作如下：

- 单击"文件"，选择"关闭"命令。
- 按 Ctrl + W 组合键。

1.4.4 文档共享

在线协作是 Office 2016 的重点努力方向，也符合当今办公趋势。当文件创建完成后，可以将其保存在网络上，也可以以电子邮件的形式发送。保存并发送电子邮件的方法如下：

步骤 1：单击"文件"菜单，选择"共享"。

步骤 2：单击"电子邮件"，如图 1-15 所示。

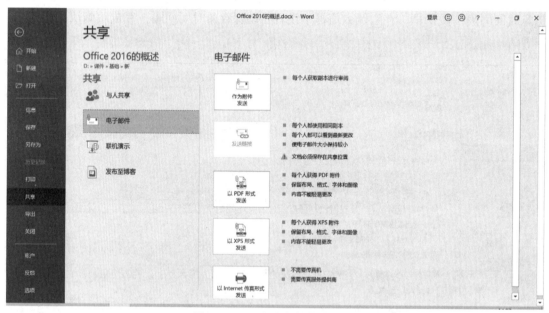

图 1-15 以电子邮件共享文档

步骤 3：若选择"作为附件发送"，添加收件人后，单击"发送"按钮即可。若选择"以 PDF 形式发送"，Word 会将文档发布成 PDF 格式，然后再添加到附件中。若选择以"XPS 形式发送"，则文档可转换成 XPS 格式。

1.4.5 文件的密码设置

在办公过程中或生活中，为防止其他用户随意修改或查看文件，应对重要的文件设置密码保护。密码主要有"打开文档密码"和"修改文档密码"两种。设置"打开文档密码"以后，没有密码的用户将不能查看文档；设置"修改文档密码"以后，允许用户打开查看内容，输入正确的密码才能修改其内容。具体操作方法有如下两种：

方法 1：在文件"另存为"时设置密码。

步骤 1：在"文件"菜单中，选择左侧窗格的"另存为"命令，选择"浏览"按钮。

步骤2：在打开的"另存为"对话框中，单击"工具"按钮。在弹出的下拉菜单中选择"常规选项"命令，如图1-16所示。

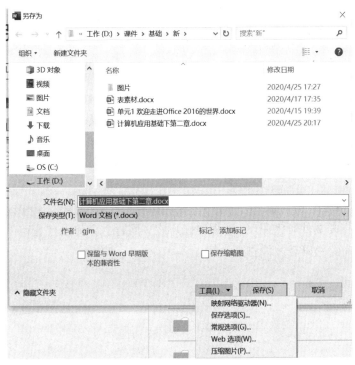

图1-16 "另存为"对话框"工具"菜单

步骤3：弹出"常规选项"对话框，在"修改文件时的密码"文本框或在"打开文件时的密码"中输入密码，如图1-17所示。

图1-17 常规选项

步骤4：弹出"确认密码"对话框，在文本框中再次输入密码。单击"确定"按钮。

步骤5：返回"另存为"对话框。单击"保存"按钮保存设置。

方法2：在"文件"菜单"信息"项中添加密码。

步骤1：单击"文件"菜单，在左侧窗格中选择"信息"命令，在中间窗格中单击"保护文档"按钮。

步骤2：在弹出的下拉列表中选择"用密码进行加密"选项，弹出"加密文档"对话框，在"密码"文本框中输入密码，单击"确定"按钮。

【提示】设置密码时，建议设置能够有效记忆的密码，否则，一旦忘记密码，将无法打开该文档。

步骤3：弹出"确认密码"对话框，在"重新输入密码"文本框中再次输入密码，单击"确定"按钮。

步骤4：返回文档，保存文档。

若设置了"打开文件时密码"，则再次打开该文档时，会弹出"密码"对话框，要求输入密码，输入正确的密码后才能打开文档。

第 2 章
Word 2016 文本编排

情境引入

毕业后，小张进入一所公司工作，凭借着努力好学的精神，逐步得到同事和领导的认同。今天，上级终于让小张正式接手文秘工作，并要求她为公司即将上市的产品草拟一个广告文案。小张想起老李曾经告诉她利用 Word 可以完成这个工作，于是她拨通了老李的电话，并将难题向老李叙述了一遍。老李听后，语重心长地告诉小张："办公文案中涉及最多的软件就是 Word，它不仅可以对文字进行各种编辑，还能对图片进行处理和美化。更重要的是，学习起来十分容易上手，只需要花上很少的时间，你就能给上级一个满意的答卷了！"小李听后喜出望外，马上跑到老李那里学习起来……

本章学习目标

能力目标：
- 能熟练地进行文档的各种编辑工作；
- 能够定位与链接文档内容；
- 能够绘制各种类型的表格；
- 能处理各种图文混排；
- 能够使用窗体创建交互式文档；
- 能够排版和打印长文档；
- 能够应用邮件合并功能。

知识目标：
- 了解 Word 2016 的入门知识；
- 掌握 Word 2016 的文本编辑和排版操作；
- 掌握 Word 2016 创建与格式化表格的方法；
- 熟悉 Word 2016 的图文混排操作；
- 掌握 Word 2016 的页面格式设置方法；
- 了解 Word 2016 使用窗体创建交互式文档；
- 掌握 Word 2016 邮件合并功能；
- 学会定位与链接文档内容；

➢ 学会使用窗体，创建交互式文档；
➢ 掌握 Word 2016 检查和审阅文档的方法；
➢ 了解常用外设打印机的使用方法；
➢ 掌握 Word 2016 各种打印参数的设置方法。

素质目标：
➢ 让学生建立对 Word 应用的兴趣；
➢ 培养吃苦耐劳的工作精神；
➢ 培养严谨的工作态度；
➢ 培养学生的创新意识和创新能力；
➢ 提高学生的审美能力和想象力。

2.1 文档的基本操作

Word 是 Microsoft 公司开发的文字处理软件，是目前世界范围内使用者较多的文字处理软件之一。Word 不仅有强大的功能，而且用户界面生动、直观，易于使用。

2.1.1 视图方式

视图模式是 Word 2016 显示当前文档的方式，用不同的视图模式显示文档，会有不同的效果。Word 2016 中提供了多种视图模式供用户选择，包括"页面视图""阅读视图""Web 版式视图""大纲视图"和"草稿视图"。用户可以在"视图"功能区"视图"组中选择所需视图模式，也可以在 Word 2016 文档窗口的状态栏右侧视图按钮中选择。

1. 页面视图

页面视图是默认的视图模式，也是最常用的视图。该视图中，文档的显示与实际打印效果一致，具有"所见即所得"的效果。在页面视图中，可以直接看到文档的外观、图形、文字、页眉、页脚等在页面中的位置，如图 2-1 所示。

2. 阅读视图

阅读视图以类似于图书的分栏样式显示文档。"文件"按钮、功能区等窗口元素被隐藏起来。阅读视图适合用户查阅文档，用模拟书本阅读的方式让人感觉在翻阅书籍。在阅读视图中，用户还可以单击"工具"按钮选择各种阅读工具，如图 2-2 所示。

3. Web 版式视图

Web 版式视图以网页的形式显示文档。Web 版式视图适用于发送电子邮件和创建网页，如图 2-3 所示。

4. 大纲视图

大纲视图可以方便地折叠和展开各种层级的文档，用于显示、修改或创建文档的大纲，它将所有的标题分级显示出来，层次分明，特别适合多层次文档，使得查看文档的结构变得很容易。大纲视图广泛用于 Word 2016 长文档的快速浏览，如图 2-4 所示。

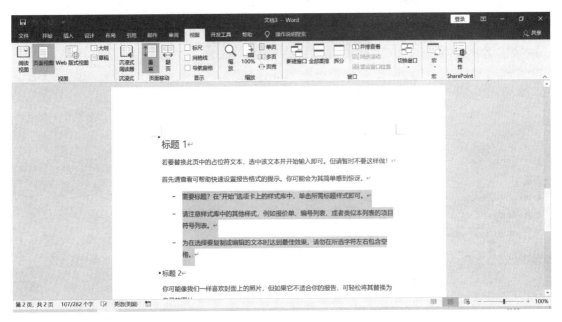

图 2-1　页面视图

图 2-2　阅读视图

图 2-3　Web 版式视图

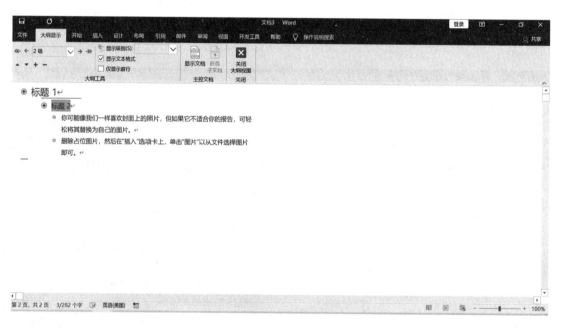

图 2-4　大纲视图

5. 草稿视图

草稿视图取消了页面边距、分栏、页眉、页脚和图片等元素，该视图只显示字体、字号、字形、段落及行间距等最基本的格式，是最节省计算机系统硬件资源的视图方式。适用于快速键入、编辑和编排文字的格式。如图 2-5 所示。

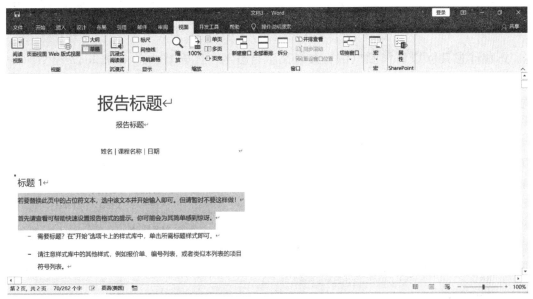

图 2-5 草稿视图

【注意】视图对文档的打印输出结果并无影响。

2.1.2 文档的录入

在 Word 2016 操作过程中,输入文档是最基本的操作,通过"即点即输"功能定位光标插入点后,就可以录入文本了。文本包括汉字、英文字符、数字符号、特殊符号及日期时间等内容。Word 中的光标显示用户当前操作位置。输入和编辑文本相关的基本概念见表 2-1。

表 2-1 输入和编辑文本的基本概念

插入点	屏幕上闪烁的垂直线表示当前插入单词的位置。当用户输入文字时,插入点会随之后移
输入文本	Word 软件的默认设置是"插入"文本,意思是用户可以在文档的任意位置进行输入,输入的字符会使已经存在的文本或插入点向右移动
删除文本	按 Delete 键,一次可删除插入点右侧的一个字符;按 Backspace 键,一次可删除插入点左侧的一个字符,若有选中文本,两个按键均表示删除选中文本
改写	按 Insert 键可切换为"改写"状态,即用新输入内容替换当前已经存在的文本,再次按 Insert 键,又重新切换到"插入"状态。用户还可以通过双击状态栏中的"改写"标记在"插入"和"改写"这两种状态之间切换
软回车	在输入文本时,当一行已经输满时,下一个字会自动换行
硬回车	当结束了一行、一段的输入,或者要插入一个空行时,可按 Enter 键

1. 显示格式符号

在编辑文档时,因格式需要,可以添加"空格""回车"等非打印字符。默认情况下,这些格式符号不显示出来。在"开始"选项卡中单击"段落"组中的"显示/隐藏编辑标记"按钮，可显示或隐藏非打印字符，帮助用户识别已经对文档进行了哪些操作。

一些常见的非打印字符包括：

 ↵   表示按下了 Enter 键。

 →   表示按下了 Tab 键。

 ·   表示按下了 Space 键。

 …………… 表示此处有软分页符（当文档已输满一页时），仅在草稿视图下可见。

 …分页符… 表示用户自己添加的分页符（当使用相关命令结束当前页而进入下一页时）。

非打印字符可设置成总在屏幕上显示，方法是单击菜单"文件"→"选项"，选择"显示"中的"始终在屏幕上显示这些格式标记"，如图 2-6 所示。

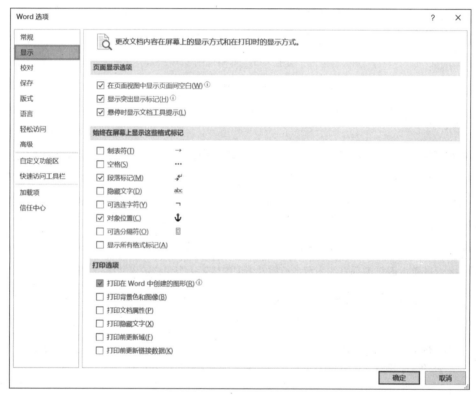

图 2-6 始终显示格式符号页面

2. 使用标尺

标尺的作用是帮助用户识别文本的准确位置或是定位文本的位置。"标尺"包括水平标尺和垂直标尺，用于显示文档的页边距、段落缩进、制表符等。在"视图"功能区的"显示"分组中，选中或取消"标尺"复选框，可以显示或隐藏标尺。

3. 移动插入点

插入点表示新输入的文本或粘贴的内容的插入位置。移动插入点，单击可确定新位置，或是使用键盘来完成,具体方法见表 2 – 2。

表 2 – 2 移动插入点的方法

移动目标	按 键	移动目标	按 键
下一个字符	→	下一行	↓
前一个字符	←	前一行	↑
下一个单词	Ctrl + →	下一段	Ctrl + ↓
前一个单词	Ctrl + ←	前一段	Ctrl + ↑
行首	Home	下一屏	PgDn
行尾	End	前一屏	PgUp
文档开始	Ctrl + Home	文档结尾	Ctrl + End

【提示】若想在空行中定位光标(如空页面的中央),可双击鼠标。

2.1.3　文档的选择、复制与剪切

用户在对文本进行格式设置、移动、复制或执行其他操作时,必须先选中要编辑的文本。

微课 2 – 1
本文选择

1. 选择文本

选择文本是使用 Word 过程中最基本的操作之一,选择文本的主要功能是告诉 Word 程序以下操作执行的范围。选择文本也可以表述为"高亮"文本,如图 2 – 7 所示。

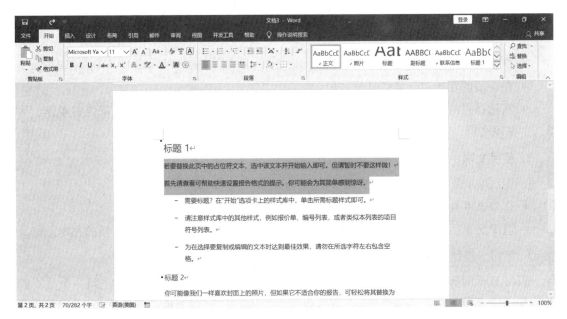

图 2 – 7　选择文本

(1) 直接选择

- 在文档中拖动鼠标即可选取文本，用户也可结合键盘来选取文本，见表2-3。

表2-3 选择文本的方法

设 备	方 法
鼠标	用鼠标指向要选择的文本的起始位置，按住鼠标左键并拖动鼠标，选定的文本以高亮显示。可以从起始位置开始向前或向后选择文本
键盘	定位插入点，按住 Shift 键，然后按方向键来高亮显示文本。当文本已被高亮显示后，释放 Shift 键

- 利用鼠标快速选择文本的方法见表2-4。

表2-4 快速选择文本的方法

范 围	方 法
词语	在词语上双击
句子	按住 Ctrl 键并在该句子上的任意位置单击
段落	在该段落上连续单击三次
整个文档	选择"编辑"→"全选"命令，或按 Ctrl + A 组合键

【注意】当需要取消刚才选中的文本时，可以在文档的任意位置单击或按方向键。

(2) 使用选择栏

选择栏位于文档的左边界，将鼠标指针停留于此，指针就变为一个指向右端的箭头，其使用方法如下：

- 在一行的左边单击可以选中一行。
- 在一段的左边双击可以选中一段。
- 在选择栏的任意位置连续单击三次，或按住 Ctrl 键并在选择栏的任意位置单击，可以选中整篇文档。

2. 替换文本

使用下列方法之一可以实现文本替换：

- 选中文本并输入新的文本。
- 选中文本后，使用 Delete 键或是 Backspace 键删除原有文本，再输入新的文本。

3. 剪切、复制与粘贴

Word 软件的剪贴板可临时保存剪切和复制的内容，以便用户将其粘贴在同一个或不同的文档。"剪切"和"复制"命令可以将选中的项目从屏幕上移动到剪贴板上。"粘贴"命令可以将剪贴板上的内容移动到屏幕上插入点的位置。剪切文本就意味着将这部分的文本移动到另外的位置上。复制文本的意思是为选中的原始文本制作一个副本，并把这个副本放到一个新的位置上。

（1）复制文本

● 选取要复制的文本，按住 Ctrl 键的同时把文本拖至目标位置。

● 选取要复制的文本，单击"开始"选项卡"剪贴板"组的"复制"按钮，然后把光标插入点定位在目标位置处，单击"开始"选项卡"剪贴板"组的"粘贴"按钮。

● 选取要复制的文本，按 Ctrl + C 组合键复制文本，然后在目标位置处按 Ctrl + V 组合键粘贴文本。

● 选取要复制的文本，单击鼠标右键，在弹出的快捷菜单中选择"复制"命令，然后在目标位置处单击鼠标右键，在弹出的快捷菜单中可以选择有关的"粘贴选项"命令进行粘贴。有关粘贴选项的含义如下：

➢ 保留源格式：使用此选项可以保留复制文本的原字符样式和直接格式。直接格式包括诸如字号、倾斜或其他未包含在段落样式中的格式之类的特征。

➢ 合并格式：复制的文本承袭粘贴到的段落的样式特征。文本还承袭粘贴文本时紧靠光标前面的文本的直接格式或字符样式属性。

➢ 只保留文本：使用此选项可以放弃复制文本的所有原格式和非文本元素，如图片或表格。文本承袭目标位置处的段落样式特征，还会承袭目标位置处紧靠光标前面的文本的直接格式或字符样式属性。使用此选项会放弃图形元素，并将表格转换为一系列段落。

（2）移动文本

● 选取文本，用鼠标把文本拖至目标位置后松开鼠标即可移动文本。

● 选取要移动的文本，单击"开始"选项卡"剪贴板"组的"剪切"按钮，然后把光标插入点定位在目标位置处，单击"开始"选项卡"剪贴板"组的"粘贴"按钮。

● 选取要移动的文本，按 Ctrl + X 组合键复制文本，然后在目标位置处按 Ctrl + V 组合键粘贴文本。

● 选取文本后，单击鼠标右键，在弹出的快捷菜单中选择"剪切"命令，然后在目标位置处单击鼠标右键，在弹出的快捷菜单中可以选择有关的"粘贴选项"命令进行粘贴。

2.1.4 剪贴板的使用

Word 可以存储和恢复最近使用的剪贴板内容，单击"开始"选项卡中剪贴板组右下角的按钮，可以启用剪贴板窗格，如图 2 - 8 所示。单击剪贴板中的项目，可以将其粘贴在插入点的位置上。单击项目右侧的展开按钮，在打开的下拉菜单中可对其进行粘贴或删除操作。

图 2 - 8 剪贴板

2.1.5 文本的查找和替换

当文档中内容很多时，可以使用查找功能，快速定位到指定内容。

1. 查找文本

使用查找功能可以将插入点移动到指定位置或查找的信息。可以查找一个指定词语、短语、符号、代码或者这些项目的综合内容，操作步骤如下：

步骤1：选择要查找的范围，如果不选择查找范围，则将对整个文档进行查找。

步骤2：单击"开始"选项卡"编辑"组的"查找"按钮，或用快捷键Ctrl + F。

步骤3：在导航窗格的搜索框中，输入要查找的关键字，此时系统将自动在选中的文本中进行查找，并将找到的文本以高亮显示。

2. 高级查找

使用Word 2016的查找功能，不仅可以查找字符，还可以查找特定字符格式。在"开始"选项卡"编辑"组中单击"查找"旁的下三角按钮，选择"高级查找"。

练习1：查找并删除文档中所有以黄色突出显示的文字。

操作步骤如下：

步骤1：打开文档，单击"开始"选项卡"编辑"组中"查找"旁的下三角按钮。

步骤2：在菜单中选择"高级查找"命令。

步骤3：在"查找和替换"对话框的"查找"选项卡中单击"更多"按钮，展开对话框，如图2-9所示。

图2-9 "查找和替换"对话框

步骤4：单击"格式"按钮，选择需要查找的格式"突出显示"。

步骤5：单击"阅读突出显示"右侧的下三角按钮，在下拉菜单中选择"清除突出显示"。

3. 替换文本

当文档中某个多次使用的文档或短句需要统一修改时，使用"替换"命令来修改，可以节省时间，避免遗漏。

练习2：将文档中所有全角空格替换为制表符。

操作方法如下：

步骤1：在"开始"功能区"编辑"组中单击"替换"按钮。

步骤2：打开"查找和替换"对话框，切换到"替换"选项卡。在"查找内容"编辑框中输入准备替换的内容——全角空格，在"替换为"编辑框中输入替换后的内容——制表符。输入制表符的方法是单击"特殊格式"，选择"制表符"，如图2-10所示。

图2-10 "查找和替换"对话框"替换"选项卡

步骤3：如果希望逐个替换，则单击"替换"按钮；如果希望全部替换查找到的内容，则单击"全部替换"按钮。

2.1.6 文本的撤销和恢复

1. 撤销功能

Word 2016有自动记录功能，在编辑文档时，执行了错误操作后可以撤销。撤销的操作方法如下：
- 在"快速启动栏"中单击"撤销"按钮。
- 按 Ctrl + Z 组合键。

用户可以从撤销列表中选择撤销一次或连续几次的操作。若要撤销到指定位置之前的所有操作，单击撤销按钮旁的下三角按钮，在可以撤销的操作列表选中指定位置即可，如图 2 - 11 所示。

图 2 - 11 撤销列表

2. 恢复功能

如果用户执行撤销操作之后又改变了主意，还可以单击"快速启动栏"中的重复按钮或使用快捷键 Ctrl + Y，恢复到撤销之前的文档效果。

3. 重复功能

Word 中的重复功能类似于恢复功能，但重复功能允许用户多次重复最近的一次操作，而恢复功能则通常是针对撤销操作。恢复和重复是同一个按钮，根据操作的不同进行自动转换。

2.2 编辑文本与段落格式

2.2.1 设置文本的格式

在 Word 文档中输入文本后，为了能突出重点、美化文档，可对文本设置字体、字号、字体颜色、加粗、倾斜、下划线和字符间距等格式，让文字样式变得丰富多彩。

在 Word 2016 中，可以通过五种方式设置文字格式：
- 通过"开始"选项卡"字体"选项组中的相关功能进行设置，如图 2 - 12 所示。

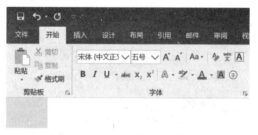

图 2 - 12 "字体"选项组

- 单击"字体"选项组右下角的"对话框启动器"按钮，打开"字体"对话框，如图 2 - 13 所示。
- 选择文本后，在文本处右击，在右键菜单中选择"字体"，打开"字体"对话框。
- 按 Ctrl + D 组合键打开"字体"对话框。
- 选中文字后，在鼠标左上角自动打开的"浮动工具栏"中设置。

可以对字符进行以下几方面的格式设置：

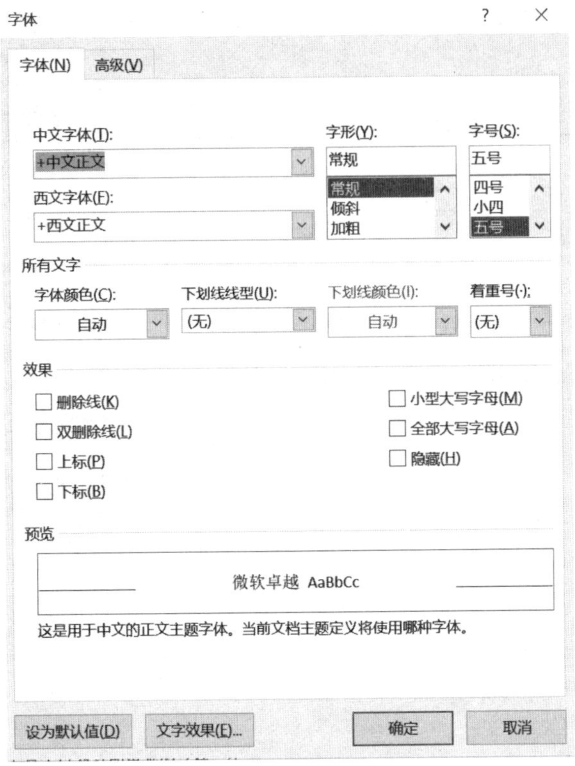

图 2-13 "字体"对话框

1. 字体

字体用于描述字符在屏幕上显示及打印出来的字样。

2. 字号

字号指字符的大小，默认为五号。在"字体"中单击"字号"的下三角按钮，在列表中选择符合需要的字号，或者在字号编辑框中输入具体的数值。此处的数值应该输入 1～1 638 之间的阿拉伯数字，也可以带小数点，小数点只能是 0.5。如果需要超大字，可尝试输入字号，如 200。还可以在"字体"组中"字号"按钮右侧单击"增大字号"或"减小字号"按钮，从而改变被选中文字的字号。

3. 字形

字形指为字符添加特殊变化的样式，如加粗、斜体等。效果是指为字符添加特殊的效果，如删除线、上标或下标、小型大写字母等。这些字形和效果，均是首次单击则应用于选定文字，再次单击则取消。字符效果示例见表 2-5。

表 2-5 字符效果示例

按钮	作用	示例
B	加粗	笑对人生→笑对**人生**
I	倾斜	笑对人生→笑对*人生*

续表

按钮	作用	示例
U・	下划线	笑对人生→笑对人生
A	字符边框	笑对人生→笑对人生
abc	删除线	笑对人生→笑对大生
x₂	下标	笑对人生→笑对人生
x²	上标	笑对人生→笑对人生
ab・	以不同颜色突出显示文本	笑对人生→笑对人生
A	字符底纹	笑对人生→笑对人生
A˄	增大字体	笑对人生→笑对人生
A˅	缩小字体	笑对人生→笑对人生

4. 高级格式设置

在"字体"对话框的"高级"选项卡中可以设置字符间距、缩放比例和位置，如图2-14所示。

图2-14 "字体"对话框的"高级"选项卡

字符间距：是指相邻字符间的距离，通过调整字符间距，可使文字排列得更紧凑或者疏散，可设置加宽或紧缩的磅值。

练习3：设置字符间距为加宽6磅。

操作方法为：打开"字体"对话框，单击"字符间距"组"间距"旁的下拉菜单，选择"加宽"项,在其右侧"磅值"框中输入"6"即可。

字符缩放:是指字符的宽高比例,以百分数来表示。

位置:调整文字在垂直方向上的位置更向上或者向下,还可以设置向上或向下的磅值。

2.2.2 格式刷的应用

使用格式刷能快速地将文本中的某种格式应用到其他的文本上。具体操作如下:

步骤1:用鼠标选中文档中带某个格式的内容。

步骤2:单击"开始"功能区"剪贴板"组的"格式刷"按钮,此时鼠标指针显示为"I"形,并且旁边有一个刷子图案。

步骤3:按住左键,在需要应用格式的内容上拖动。

【注意】格式刷的快捷键是 Ctrl + Shift + C 和 Ctrl + Shift + V。

要将选定的格式应用到多个内容上,可以双击"格式刷"按钮。"格式刷"会一直处于选中状态,然后刷过多个内容即可。如要停止"格式刷"的选中,可按键盘上的 Esc 键,或再次单击"格式刷"按钮。

2.2.3 制作艺术字

Office 中的艺术字(英文名称为 WordArt)结合了文本和图形的特点,能够使文本具有图形的某些属性,如设置旋转、三维、映像等效果。用户可以在 Word 2016 文档中插入艺术字,以增强文字的观赏性。

1. 插入艺术字

插入艺术字的操作步骤如下:

步骤1:在"插入"功能区中"文本"分组中单击"艺术字"按钮,在打开的艺术字预设样式面板中选择合适的艺术字样式。

微课2-3
插入艺术字

步骤2:在插入的艺术字编辑框中输入艺术字文本。用户可以对输入的艺术字设置字体、字号。

练习4:插入艺术字"报告标题",设置其样式为"填充:深青,主题色1;阴影",如图2-15所示。

图2-15 选择艺术字样式

2. 编辑与美化艺术字

添加了艺术字以后，单击将其选中，在功能区的"绘图工具/格式"选项卡中可以对其进行进一步美化。在"形状样式"分组中，可以修改整个形状的样式，设置形状的填充、轮廓及形状效果；在"艺术字样式"分组中，可以对艺术字中的文字设置填充、轮廓及文字效果。

练习5：将艺术字颜色设置为紫色，渐变为浅色变体中的"线性向下"，再添加"紧密映像，接触"效果。

操作步骤如下：

步骤1：在"绘图工具/格式"选项卡"艺术字样式"组中单击打开"文字填充"下拉菜单，选择紫色，再次打开"文字填充"下拉菜单，选择"渐变"子菜单"浅色变体"组中的"线性向下"，如图2-16所示。

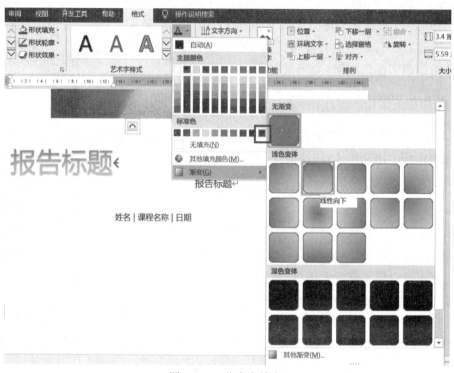

图2-16 艺术字填充

步骤2：在"绘图工具/格式"选项卡"艺术字样式"组中单击打开"文字效果"下拉菜单，选择"映像"子菜单"映像变体"组中的"紧密映像，接触"，如图2-17所示。

在"文本"分组中可以对艺术字设置链接、文字方向、对齐文本等；在"排列"分组中可以修改艺术字的排列次序、环绕方式、旋转及组合；在"大小"分组中可以设置艺术字的宽度和高度。

练习6：将艺术字调整成竖排显示。

操作方法为：单击格式选项卡"文本"组中的"文字方向"按钮，在打开的下拉菜单中选择"垂直"，如图2-18所示。

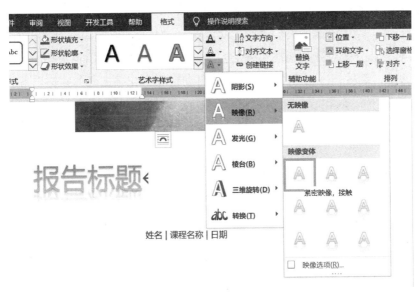

图 2-17 艺术字映像

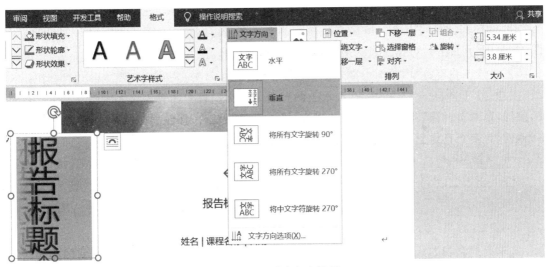

图 2-18 垂直文字效果

2.2.4 设置段落对齐与缩进

段落是指文字、图形及其他对象的集合，回车符是段落的结束标记。通过设置段落格式，如设置段落对齐方式、缩进、行间距、段间距等，可以使文档结构更清晰，层次更分明。

1. 段落对齐方式

段落对齐方式主要有以下 5 种，如图 2-19 所示。

- 左对齐：靠左对齐文本，右边参差不齐。
- 居中：在左、右两端之间对齐文本。

- 右对齐：靠右对齐文本，左边参差不齐。
- 两端对齐：除了段落的最后一行，文本在左、右两端之间均匀对齐。
- 分散对齐：分散对齐与两端对齐的左、右两边对齐方式相同，两边也会形成一条竖线；所不同的是，最后一行文字如果不足，会自动扩展字与字之间的空格以占满一行，以使右边对齐。

图 2-19　5 种段落对齐方式示例

设置段落对齐主要有以下 3 种方式：

- 选择要设置的段落，在"开始"选项卡的"段落"组中单击相应的段落对齐方式的按钮，如图 2-20 所示。
- 选择要设置的段落，单击"段落"组的"选项"命令，弹出"段落"对话框，如图 2-21 所示。在"对齐方式"下拉列表框中指定对齐方式。

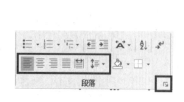

图 2-20　段落对齐方式　　　　图 2-21　"段落"对话框

- 选择要设置的段落，在浮动工具栏中单击相应的对齐按钮。

2. 段落的缩进

段落缩进是表示一个段落的首行、左边和右边距离页面左边、右边及相互之间的距离关系。缩进有以下 5 种：

左缩进：段落的左边与页面左边的距离。

右缩进：段落的右边与页面右边的距离。

首行缩进：段落第一行由左缩进位置向内缩进的距离。中文习惯首行缩进两个汉字宽度。

悬挂缩进：段落中除第一行以外的其余各行由左缩进位置向内缩进的距离。

对称缩进：一般用于书本的排版，Word 将页面靠近装订线的一侧规定为"内侧"，另一侧即"外侧"。

Word 2016 中设置段落缩进有以下 4 种方法，前提是要选中需要设置的特定段落或全部文档内容。

- 在"开始"选项卡"段落"组中单击"减少缩进量"或"增加缩进量"按钮，以调整被选中段落的缩进量。
- 在"视图"选项卡"显示"组中选中"标尺"选项。使用鼠标拖动"首行缩进""悬挂缩进""左缩进"和"右缩进"滑块分别设置相应的段落缩进值。
- 单击"布局"选项卡，在"段落"中调整"左缩进"和"右缩进"编辑框的数值，以设置合适的段落缩进。
- 在"段落"组中单击"选项"按钮，打开"段落"对话框，如图 2-22 所示。在"段落"对话框的"缩进和间距"选项卡中，分别调整"左侧"或"右侧"编辑框的值，可以调整段落缩进。单击"特殊"下拉菜单，可以进行首行缩进和悬挂缩进的设置。选中"对称缩进"，可以设置"内侧"或"外侧"的缩进。

图 2-22 段落缩进

3. 修改行间距

行间距是指文本中行与行之间采用基线间隔进行度量的标准间距。Word 可以根据字符大小自动调整行间距。用户也可以设定特定的行间距，此时，Word 将不再根据字符大小进行行间距的自动调整。设置行间距方法如下：

- 选择段落，在"开始"菜单"段落"组中单击"行和段落间距"按钮，在打开的下拉列表中选择"1.5"等行距备注选项。
- 选择段落，打开"段落"对话框，在"间距"栏中的"行距"下拉列表框中选择相应的选项即可。也可以选择"固定值"以后，在"设置值"中输入理想的行间距。

4. 修改段落间距

段落间距是指某一段落最后一行的底线至下一段落第一行之间空白区域的大小。段落间距设置功能可以为文档预设一个精确或固定的段落间距，而不会受到字号的影响。在文本之前还是之后增加段落间距，取决于文档的具体要求，尽量为一篇文档设置统一的段落间距。

- 选择段落，在"开始"菜单"段落"组中单击"行和段落间距"按钮，在打开的下拉列表中选择增加段落前间距或增加段落后的间距。
- 选择段落，打开"段落"对话框，在"间距"栏中的"段前"和"段后"数值框中输入值。

2.2.5 样式的应用

微课 2-4
样式的应用

样式是指一组已经命名的字符和段落的格式，它设定了文档中标题、题注及正文等各个文本元素的格式。当应用样式时，系统会自动完成该样式中所包含的所有格式的设置工作，可以大大提高排版的工作效率。样式通常有字符样式、段落样式、表格样式和列表样式等类型。Word 允许用户自定义上述类型的样式。同时，还提供了多种内建样式，如标题1~标题3、正文等样式。使用样式可以快速同步同级标题的格式，从而实现导航窗格中对标题的浏览，也有利于长文档中目录的生成。在工作中，企业为了保证自己的办公秩序，必然会制定一系列的文档格式要求，如果能熟练掌握样式与样式集，就可以快速地将一篇文档按照要求修改好，可以有效地提高办公效率。

1. 套用内建样式

Word 自带一些标准样式，如正文、标题1、标题2、标题3 等。其中名为"正文"的样式是整篇文档的基础样式，默认情况下，文档中的格式是以"正文"样式为准的。套用内建样式的操作方法为（以应用标题1样式为例）：将标题选中，单击"开始"选项卡"样式"组"样式"下拉列表框中的"标题1"即可。

2. 创建样式

在编排重复格式时，先创建一个该格式的样式，然后在需要的地方套用这种样式，就无须一次次地对它们进行重复的格式化操作了。用户可以利用现有的段落或者使用"样式和格式"命令创建段落样式，也可以创建自定义样式。创建样式步骤如下：

步骤1：打开 Word 2016 文档窗口，选中需要应用样式的段落或文本块。在"开始"功能区的"样式"分组中单击右下角的"对话框启动器"按钮，打开"样式"任务窗格。

步骤2：在打开的"样式"任务窗格中，单击"新建样式"按钮。

步骤3：在打开的"根据格式化创建新样式"窗格中，输入样式名称，设置样式所包含的格式。关于命名样式，请注意以下几点。

- 最多可以使用253个字符来命名样式，包括字符和空格的任意组合，但不能包括反斜杠（\）、分号（;）和花括号（{}）。
- 样式的名称区分大小写。
- 一篇文档中的每一个样式名称都必须是唯一的。
- 无论是在创建样式之前还是之后输入的文本，样式都可以被应用于文档中的任何部分。

步骤4：单击"确定"按钮，该样式名出现在样式列表中。和列表中其他样式一样，可应用到被选中的文本块或段落中。

3. 修改样式

无论是 Word 2016 的内置样式,还是自定义样式,用户随时可以对其进行修改。在 Word 2016 中修改样式的步骤如下:

步骤 1:打开 Word 2016 文档窗口,在"开始"功能区的"样式"分组中,右击样式名称,如标题 2。

步骤 2:在打开的快捷菜单中选择"修改",如图 2-23 所示。

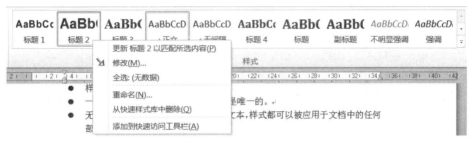

图 2-23 修改样式

步骤 3:打开"修改样式"对话框,用户可以在该对话框中重新设置样式。修改样式后,与之关联的后续标题样式将自动实现更改,也就不用去手动更新样式了。

【注意】如果想选择全部应用了标题 2 样式的文本,可在标题 2 按钮上单击右键,选择全选。若需要用已有格式定义标题 2,可选中具有格式的内容,在标题 2 的右键菜单中,选择"更新标题 2 以匹配所选内容"。

4. 大纲级别的使用

在 Word 中打开一篇设置好大纲级别的文档后,选择"视图"→"导航窗格",可以在左边的导航窗格中看见各级别的目录。这时用户在左侧的导航窗格中单击一个条目,右侧文档中的光标就会自动定位到相应的位置。

通常段落的"样式"本身就包括了大纲级别的设置,只要给段落应用正确的"样式",段落的大纲级别也就自动设置了。如果用户不想使用样式,只添加大纲级别,操作步骤如下:

步骤 1:打开需要设置大纲的文档,选定需要设置的内容。
步骤 2:打开"段落"对话框,找到"大纲级别"。
步骤 3:单击"大纲级别"下拉选项,选择级别。
步骤 4:设置完成后,单击右下方的"确定"按钮。

2.2.6 边框与底纹的应用

在 Word 2016 中,用户可以为文档中的文本、段落及整个页面添加边框和底纹,以使文档更加美观的同时突出重点。

1. 添加普通的文本边框和底纹

选中文本,单击"开始"功能区"字体"组中的"字符边框"按钮或"字符底纹"按钮，如图 2-24 所示。

2. 插入段落边框和底纹

选择需要设置边框的段落，在"开始"功能区的"段落"分组中单击边框下拉三角按钮，在打开的边框列表中选择合适的边框（例如分别选择上边框和下边框）。

图 2-24 "边框"和"底纹"按钮

选中特定段落或全部文档内容，在"段落"中单击"底纹"下三角按钮，在底纹颜色框中选择合适的底纹颜色即可。

3. 复杂边框和底纹

使用"边框和底纹"对话框，可设置更复杂的边框和底纹样式。

(1) 添加边框

在"开始"功能区的"段落"分组中单击边框下拉三角按钮，在打开的边框列表中选择"边框和底纹"，打开"边框和底纹"对话框，如图 2-25 所示。对话框中各区域的含义如下。设置：选择预设的边框类型。样式：选择边框的线条类型。颜色：选择边框的颜色。宽度：选择边框的宽度。预览：显示所选文本边框的设置效果，单击预览区的边框线的按钮，可以选择或取消该边框的显示。应用于：选择将边框应用在段落或文本上。选项：更改边框线与文本之间的空白空间。

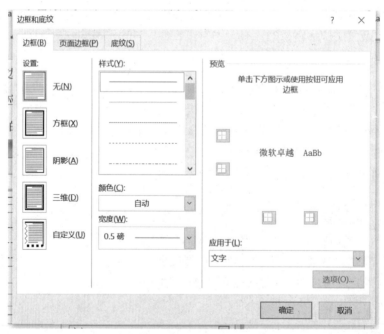

图 2-25 "边框和底纹"对话框

(2) 页面边框

页面边框主要用于在 Microsoft Word 文档中设置页面周围的边框，还可以添加艺术型页面边框，从而使 Word 文档更富有表现力。

练习7：在页面左侧距离页边1厘米处应用22磅宽的艺术型边框。

操作方法如下：

步骤1：在"页面边框"选项卡"艺术型"下拉菜单中选择边框图样，在宽度中输入"22磅"。

步骤2：在预览框中单击代表"上""下""右"框线的按钮，将这三个边框取消，只留下左侧边框。

步骤3：单击右下角的"选项"按钮，打开"边框和底纹"选项对话框，测量基准选择"页边"，在边距"左"中输入"1厘米"。

步骤4：设置完毕后，单击两个对话框的"确定"按钮，如图2-26所示。

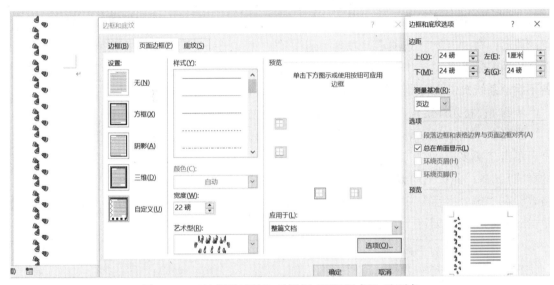

图2-26 "边框和底纹"对话框"页面边框"选项卡

（3）底纹

在"填充"下拉列表中选择合适颜色的底纹。在"图案样式"和"图案颜色"列表中，设置合适颜色的图案，要小心使用颜色图案，因为文档很容易变得很乱，尤其是在黑白打印机上打印时。

2.2.7 项目符号与编号的应用

项目符号是指放在文本之前以添加强调效果的符号，当文档中存在前后顺序或并列关系的段落文本时，可为其添加相应的编号或项目符号，使其看上去更有层次，以便于阅读。在Word中，可以在输入时自动创建项目符号和编号，也可以在输入完成后再次添加。

1. 项目符号

项目符号主要适用于具备并列关系的段落文本之前。Word 2016预设了多种不同样式的项目符号。添加方法是：单击"开始"功能区"段落"组的项目符号按钮，可为当前光标所在行增加一个黑色圆点项目符号，同时，此按钮将显示为深色，并有外边框。当一个项目输入完成并按Enter键时，Word会自动为下一个项目增加一个相同的项目符号。

若添加其他类型项目符号，可单击项目符号右侧的下拉按钮，在弹出的列表中选择需要的样式。选择"定义新项目符号列表"，在打开的对话框中，可使用字符或图片来定义项目符号，还可以修改项目符号的对齐方式。

2. 编号

与项目符号类似，也可以通过单击"开始"功能区段落组的"编号"按钮来自动创建编号。每按一次 Enter 键，会自动增加编号。

选择"编号"按钮右侧的下拉按钮，可以在列表中选择其他编号样式。选择"定义新编号格式"，可以修改编号的样式、格式和对齐方式。

3. 多级符号

多级符号可以清晰地表明各段落之间的层次关系。设置多级列表的方法是先选择需要设置的段落，在"开始"选项卡"段落"组中单击"多级列表"按钮。在打开的下拉列表中选择一种编号的样式。对段落设置多级列表后，按下 Tab 键，可对当前内容进行降级操作。若不满意系统提供的符号样式，也可以自定义多级符号，其操作步骤如下：

步骤1：将光标定位在欲设置第一级的位置。

步骤2：单击"多级列表"右侧下拉菜单，选择"定义新多级列表"。在打开的对话框中，单击"更多"，如图2-27所示。选择要修改的级别（可从1级别开始依次设置各级别的样式），在"此级别的编号样式"中进行样式选择，在"输入编号的格式"中输入需要的格式，在"编号之后"中选择编号后边是添加制表符还是空格。当所有级别设置好以后，单击"确定"按钮即可。

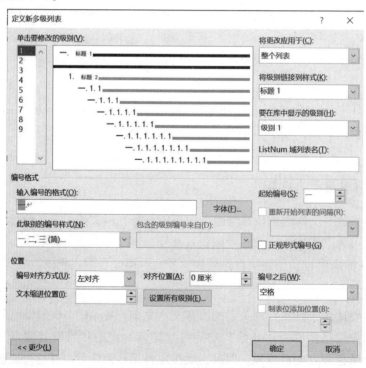

图 2-27 "定义新多级列表"对话框

2.2.8 分栏和制表位的应用

分栏指将文档中的文本分成两栏或多栏。

1. 创建分栏

选中所有文字或选中要分栏的段落,在功能区"布局"选项卡的"页面设置"组中单击"栏"按钮,在分栏列表中选择栏数。如果需要更多的栏数,单击"更多栏"按钮,打开"栏"对话框,如图 2-28 所示。

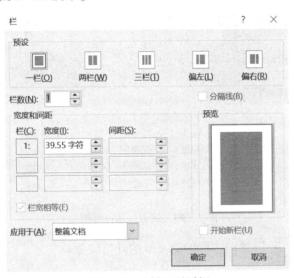

图 2-28 "栏"对话框

在"预设"选项组中选择分栏的格式。有"一栏""两栏""三栏"等。如果对"预设"选项组中的分栏格式不太满意,可以在"栏数"微调框中输入所要分割的栏数。微调框中数目为 1~11(可根据所定的版心不同而不同)。若选中"栏宽相等"复选框,可在"宽度和间距"中设置栏宽或间距。若取消选中"栏宽相等"复选框,可分别指定每栏的宽度。选中"分隔线"复选框,就可以在各栏之间设置分隔线。在"应用于"下拉列表框中选择分栏的范围,可以是"本节""整篇文档"或者是"插入点之后"。分三栏并且栏与栏之间加了分隔线后的效果如图 2-29 所示。

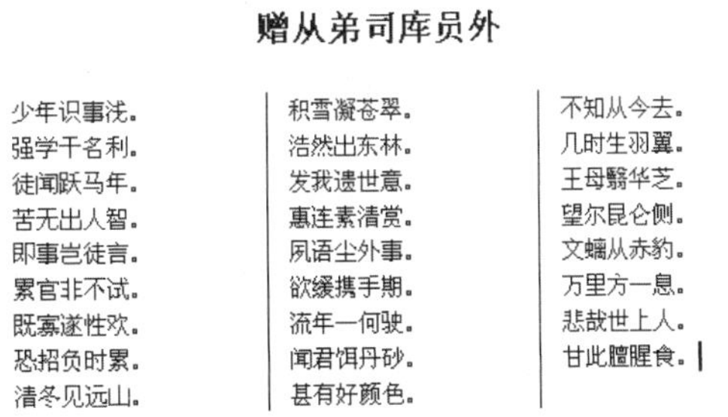

图 2-29 分三栏后的效果

【提示】用户也可利用表格分栏,如果要分 4 栏,可用 4 列的表格,设置成虚框,在里面填写文字,这种方法在某些情况下使用较为简便,可以达到分栏的效果。

2. 更改分栏位置

若分栏后,系统默认的分栏位置不理想,可调整分栏位置。其操作为:将光标定位到预分栏的位置,单击"布局"功能区"页面设置"组的"分隔符"命令,在下拉菜单中的

"分页符"中单击"分栏符"选项即可。

3. 设置制表位

制表位的功能与文本对齐的功能相似,所不同的是,制表位可以在文本的精确位置设置对齐。

(1)认识制表位

单击制表符选择框,如图2-30所示,可以选择不同类型的对齐方式。每单击一次制表符选择框,就能切换到下一种对齐方式。

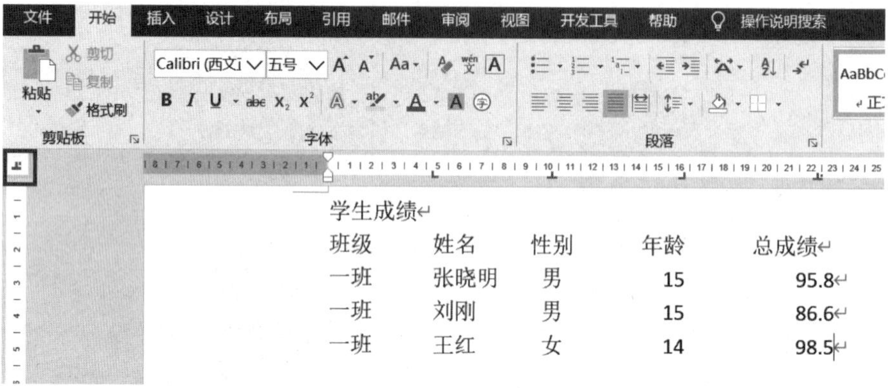

微课2-5 设置制表位

图2-30 制表位选择框图

左对齐式制表符 ∟:设置向右移动的文本的开始位置。

居中式制表符 ⊥:设置文本中央的位置。

右对齐式制表符 ⌐:设置文本的右端。当键入时,文本向左移动。

小数点对齐式制表符 ⊥:围绕小数点对齐文本。无论数字长度如何,小数点的位置都不变。

竖线对齐式制表符 |:是一个特殊的制表符,因为它不定位文本。它在制表符位置插入竖线。

(2)设置制表位

可以在文本输入之前设置制表位,也可以在输入完成之后设置制表位。其方法是:打开Word 2016文档窗口,在"开始"功能区的"段落"分组中单击右下角"对话框启动器"按钮。在打开的"段落"对话框中,单击"制表位"按钮命令,可精确设置制表位的位置或前导符。制表位设置好以后,输入文本时按Tab键,可将插入点移到下一制表位。

练习8:对已经添加了**Tab**键制表符的文本,设置如下4个制表位:**26**字符处,右对齐,前导符为第二种形式;**30**字符处,竖线对齐;**34**字符处,左对齐,无前导符;**60**字符处,右对齐,前导符为第二种形式。

操作如下:

步骤1:选中文本内容,在"开始"功能区的"段落"分组中单击右下角的"对话框启动器"按钮。在打开的"段落"对话框中,单击"制表位"按钮命令,打开"制表位"

对话框。

步骤2：制表位位置输入"26"，对齐方式选择"右对齐"，引导符选择第二种形式，单击"设置"按钮。

步骤3：制表位位置输入"30"，对齐方式选择"竖线对齐"，单击"设置"按钮。

步骤4：制表位位置输入"34"，对齐方式选择"左对齐"，引导符选择第一种形式"无"，单击"设置"按钮。

步骤5：制表位位置输入"60"，对齐方式选择"右对齐"，引导符选择第二种形式，单击"设置"按钮，如图2-31所示。

步骤6：单击"确定"按钮。文中有制表符位置，自动按照制表位对齐。

（3）使用标尺

使用标尺设置制表位时，单击制表符选择框，所有的制表符将循环出现，直到所需要的制表符出现，然后再单击标尺上相应的位置来放置制表符。

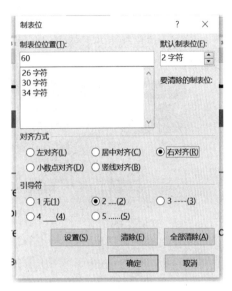

图2-31 制表位选择框图

【提示】使用标尺设置制表位时，为了更精确地测量间距，可在单击标尺相应刻度的同时按住 Alt 键。

2.3 表格的应用

2.3.1 建立表格

表格是一种可视化的交流模式，是一种组织整理数据的手段。其由多条在水平方向和垂直方向平行的直线构成，其中直线交叉形成了单元格，水平方向的一排单元格称为行，垂直方向的一排单元格称为列。表格是文本编辑过程中非常有效的工具，可以将杂乱无章的信息管理得井井有条，从而提高文档内容的可读性。

创建表格常用的方法主要包括手动绘制、使用插入表格命令、使用对话框创建、将已有文档转化成表格四种，下面分别进行介绍。

1. 手动绘制

新建 Word 文档后，在功能区中选择"插入"选项卡"表格"组，单击"表格"下拉按钮，选择"绘制表格"选项。

鼠标光标变成绘制标志（小铅笔），选择绘制表格的起始点，按住鼠标左键进行拖动，拖动到绘制表格的终止点，松开鼠标左键即可绘制表格外边框。在外边框内拖动鼠标绘制行线和列线。表格绘制完成后，按 Esc 键退出绘制状态即可。

2. 使用插入表格命令

使用插入表格命令，可快速完成表格插入工作，操作步骤如下：

步骤1：将插入点定位到要插入表格的起始位置。

步骤2：在"插入"选项卡的"表格"组中单击"表格"。

步骤3：在出现的下拉菜单中，拖动鼠标以选择表格所需的行数和列数，释放鼠标就可在文本档中出现表格，如图2-32所示。

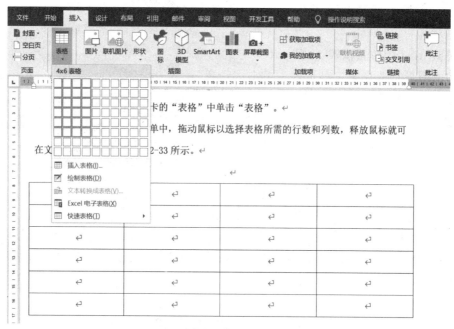

图2-32 插入表格按钮

3. 利用对话框创建

步骤1：首先选定需要创建表格的位置。

步骤2：在"插入"选项卡的"表格"下，单击倒三角命令打开下拉菜单，选择"插入表格"，打开"插入表格"对话框。

步骤3：在"表格尺寸"组中指定行数和列数。在"自动调整"操作选项组中设置"固定列宽""根据内容调整表格"或"根据窗口调整表格"，设置表格的列宽。如图2-33所示。

步骤4：单击"确定"按钮即可插入表格。

图2-33 "插入表格"对话框

4. 将文本转换为表格

表格只是一种形式，是对文字或数据实行的一种规范化处理。因此，表格和文本之间可以相互转换。将文字转换成表格需要规范化的文字，即每段内容之间以特定的字符（如逗号、段落标记、制表位等）间隔，便可以将其转化成表格。操作步骤如下：

步骤1：选中要转换成表格的所有文本。
步骤2：在"插入"选项卡"表格"组中，单击"文本转换成表格"命令。
步骤3：在"自动调整"区选中表格列宽。
步骤4：在"文字分隔位置"区自动选中文本中使用的分隔符，如果不正确，可以手动重新选择。单击"确定"按钮完成设置。

2.3.2 编辑表格

创建好表格后，可根据实际情况的变动及时调整表格的行或列，如插入新的行或列、删除已有行或列、合并或拆分单元格等。

微课2-6
编辑表格

1. 选择表格的内容

在调整表格结构时，首先应选择单元格或表格。

- 选择单个单元格，将鼠标指针移至表格中某个单元格左侧边线附近的位置，待其变为➚形状时，单击鼠标，即可选中该单元格。
- 选择连续的单元格，将鼠标指针移至表格中的开始位置单元格，按住鼠标左键不放并拖动鼠标，到适当位置后释放鼠标，即可选中多个连续的单元格。
- 选择不连续的单元格，首先选中某个单元格或拖动鼠标选中连续的单元格，按住Ctrl键不放的同时，用相同方法选择其他单元格即可。
- 选择列，将鼠标指针移至表格上方，当其变为⬇符号时，单击鼠标，选择整个列。按住鼠标左键不放并左右拖动鼠标，可选择连续的列。
- 将鼠标指针移至表格左侧，单击行的选择条，选择整行。按住鼠标左键不放并上下拖动鼠标，可选择连续的行。
- 选择整个表格，将鼠标指针移至表格中，单击出现在表格左上角的四向箭头图标，即可选择整个表格。

2. 插入行或列

在启动"插入"命令之前，首先在表格中选择所需的行数或列数，在"表格工具/布局"选项卡的"行和列"组中，单击相应按钮即可插入多个行、列或单元格，如图2-34所示。

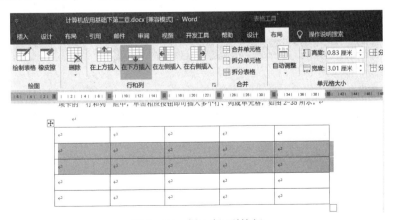

图2-34 插入行/列按钮

3. 删除行、列、表格或单元格

删除行或列，先将光标定位至行或列的任意单元格，然后在"表格工具/布局"选项卡的"行和列"组中单击相应按钮即可，如图2-35所示。若选择删除单元格，将弹出"删除单元格"询问对话框，可选择"右侧单元格左移""下方单元格上移""删除整行""删除整列"中的一项，如图2-36所示。

图2-35 删除行/列/单元格按钮

图2-36 "删除单元格"对话框

4. 合并和拆分单元格

表格中的多个单元格可以被合并为一个单元格，也可以根据需要将一个单元格拆分为多个列或行。

合并单元格的操作是：选择多个连续的单元格，选择"表格工具/布局"选项卡"合并"组的"合并单元格"命令，如图2-37所示。

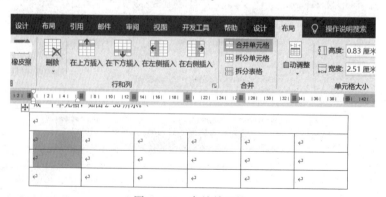

图2-37 合并单元格

将一个单元格拆分为多个单元格的方法是:选择单元格,在"表格工具/布局"选项卡"合并"组中单击"拆分单元格"命令,弹出"拆分单元格"对话框,如图2-38所示。输入要拆分的行数与列数,来完成单元格的拆分。

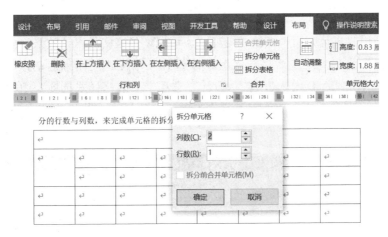

图2-38 拆分单元格

若想把表格一分为二,可把光标定位在分行处,即分行的第一列的单元格。在"表格工具/布局"选项卡"合并"组中单击"拆分表格"命令,如图2-39所示。有时需要在表格之上添加标题,表格可下移一行。方法是把光标定位在第一行第一列的单元格,使用"拆分表格"命令,则表格移动到第二行的位置。

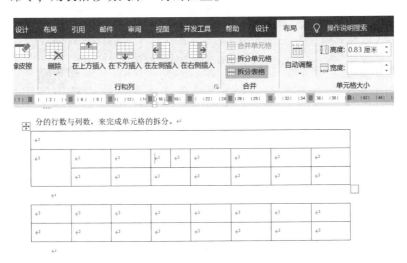

图2-39 拆分表格

【提示】在表格中插入或删除行、列和单元格及合并拆分单元格,也可以在表格内部右击,在弹出的快捷菜单中选择相应的命令完成。

5. 查看网格线

在Word 2016中显示或隐藏表格的网格线的操作是:在"表格工具/布局"选项卡"表"组中单击"查看网格线"按钮。

2.3.3 美化表格

当表格创建完成后，利用功能区的"表格工具"选项卡可以美化表格。

1. 自动套用格式

表格自动套用格式是应用表格的内置样式，可以增强表格的设计效果。操作方法是：在"表格工具/设计"选项卡的"表格样式"组中选择某一样式按钮来启动该功能，图 2-40 所示为"网格表 4-着色 4"样式。在"设计"选项卡"表格样式选项"组中，标题行、第一列、镶边行处于选中状态，表示应用了这三项的特殊样式。若想取消"第一列"特殊样式，单击取消其选中状态即可。

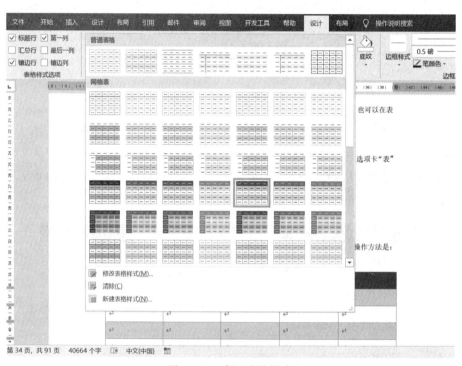

图 2-40 套用表格样式

2. 修改边框和底纹

表格中的边线可以被修改为不同的颜色、样式、宽度或无框线。Word 提供了大量不同的边框和底纹，可以增强表格中内容的显示效果。

设置边框：选中需要设置的区域，在"表格工具/设计"选项卡"边框"组中，单击"边框样式"下拉按钮，在打开的下拉列表中选择相应的边框样式。还可以在"边框"组中设置"笔样式""笔画粗细"和"笔颜色"，先自定义边框样式，再单击"边框"按钮，选择自定义边框的应用位置。

设置底纹：选中需要设置的区域，在"表格工具/设计"选项卡"表格样式"组中，单击"底纹"下拉按钮。在打开的下拉列表中选择底纹颜色。

用户还可以单击"表格工具/设计"选项卡"边框"组右下角的选项按钮，打开"边框和底纹"对话框，进行更复杂的设置，如图 2-41 所示。

图 2-41 "边框和底纹"对话框

【提示】如果用户对 Word 提供的表格样式不满意，单击"表格样式"组右下方的下拉按钮后，在打开的列表中选择"新建表格样式"选项，在打开的"根据格式化创建新样式"对话框中可以自定义新建样式名称、样式类型和边框样式等属性，最后单击"确定"按钮保存新建样式。

3. 调整行宽和列高

可以调整表格中每列的宽度、每行的高度及表格的对齐方式，也可以平均分布表格中选定的行或列。

（1）调整表格中的列宽或行高

可以使用下列方法之一：

• 选中要调整的行或列，在"表格工具/布局"选项卡的"单元格大小组"中输入"高度"或"宽度"的数值。高度即行高，宽度即列宽。

• 将鼠标停留在要更改其宽度的列的边框上，直到鼠标指针变为 ⇔ 形状，然后单击并拖动边框，直到得到所需的列宽为止。将鼠标停留在要更改其行高的行的边框上，直到鼠标指针变为 ⇕ 形状，然后单击并拖动边框，直到得到所需的行高为止。

• 单击标尺上的阴影区域 ▦，并拖动到所需的列宽或行高。

• 选中要调整的行，在"表格工具/布局"选项卡的单元格"大小"组中单击右下角的选项按钮，打开"表格属性"对话框，单击"行"选项卡，选中指定高度后，输入行高，如图 2-42 所示。列的设置类似，不再赘述。

图 2-42 "表格属性"对话框"行"选项卡

（2）平均分布各列宽度或各行高度

选中要调整的多行或多列，单击"表格工具/布局"选项卡"单元格大小"组中的"分布列"按钮 或"分布行"按钮 。

（3）自动调整

光标置于表格内部，单击"表格工具/布局"选项卡"单元格大小"组中的"自动调整"命令，然后根据要求在打开的下拉菜单中选择相应内容。

练习9：设置固定列宽6厘米。操作为：单击"表格工具/布局"选项卡"单元格大小"组的"自动调整"命令，选择"固定列宽"，输入6厘米即可，如图2-43所示。

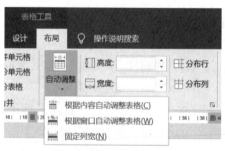

图 2-43 自动调整表格

4. 更改对齐方式

①表格对齐方式是指整个表格相对于页面的对齐方式，属于表格的属性。更改表格对齐方式是指改变表格相对于文档的左右边距，有如下两种调整方法。

- 与设置段落对齐方式相同，选中整张表格，在"开始"功能区"段落"组中分别选择左对齐、居中和右对齐按钮，如图 2-44 所示。

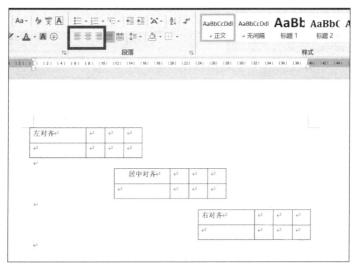

图 2-44　表格对齐方式

- 使用"表格属性"调整，光标置于表格内部，单击"表格工具/布局"选项卡"表"组中的"属性"按钮，弹出"属性"对话框，或单击右击，在快捷菜单中选择"表格属性"，在"表格"选项卡中根据实际需要选择"对齐方式"选项，如图 2-45 所示。

图 2-45　表格属性

②单元格对齐方式是文字或图片相对于单元格的位置。选中要调整的单元格后，有 3 种方法实现对齐方式的调整：

- 在"表格工具/布局"选项卡"对齐方式"组中,选择一种对齐方式。文字在表格中的对齐存在水平方向的左、中、右对齐,垂直方向的上、中、下对齐,组合在一起形成9种对齐方式,较常用的是中部居中,如图2-46所示。

图2-46 表格中文本对齐方式

- 在"布局"选项卡"表"组中单击"属性"按钮。在"表格属性"对话框中单击"单元格"选项卡。在"垂直对齐方式"区选择合适的垂直对齐方式,单击"确定"按钮。然后在"开始"功能区"段落"组中选择左对齐、居中和右对齐按钮,进行水平方向的调整。

- 右键单击被选中的单元格,在菜单中指向"单元格对齐方式"选项,并在下一级菜单中选择合适的对齐方式。

- 若想精确设置文本在表格中的位置,在"表格工具/布局"选项卡"对齐方式"组中选择"单元格边距"。在打开的"表格选项"对话框中,设置精确的上、下、左、右边距值,如图2-47所示。

5. 让表格每页都自动生成表头

在Word中制作表格的时候,表格的内容或长度多于一页后,预览后页时看不到表头。为了方便查看数据,希望让表格的表头在每页都显示出来,做法如下:

图2-47 "表格选项"对话框

步骤1:打开文档,选中需要作为标题行的内容(可能是一行,也可能是多行)。

步骤2:单击功能区中"表格工具/布局"选项卡"数据"组的"重复标题行"命令,

如图 2-48 所示。

图 2-48 重复标题行

2.3.4 表格的排序与计算

1. 表格数据排序

表格中的任何数据都可以按照升序（如 A～Z，0～9）或降序（如 Z～A，9～0）进行排序。排序方式由表格中的数据类型及表格中有多少数据列决定。

启动"排序"命令的方法是：选中单元格（或表格），然后单击"开始"选项卡"段落"组中的"升序"按钮，打开"排序"对话框，如图 2-49 所示。也可以单击"布局"选项卡，单击"数据"中的"排序"按钮，打开"排序"对话框。设置多级排序关键字的步骤为：

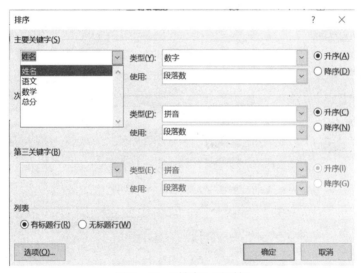

图 2-49 "排序"对话框

步骤 1：在"主要关键字"区域单击关键字下三角按钮。选择排序依据的主要关键字即选择第 1 个优先排序的列。单击"类型"的下三角按钮。在"类型"列表中选择"笔画""数字""日期"或"拼音"选项之一。选中"升序"或"降序"选项，以确定排序的顺序。

步骤 2：在"次要关键字"和"第三关键字"区分别设置排序关键字。"次要关键字"是在主要关键字相同时的排序依据。"第三关键字"是在"次要关键字"相同时的排序依据。

步骤3：在"排序"对话框"列表"区设置是否有列标题的标题行，可以防止在排序中包含列标题行。

步骤4：单击"确定"按钮完成数据排序。

2. 表格数据的计算

在 Word 2016 中，也可以使用公式和函数进行数值的计算。在"布局"选项卡"数据"选项组中单击"公式"按钮，打开"公式"对话框，在"公式"文本框中输入公式即可完成计算。

练习10：对学生表中的数据进行合计，计算张同学的总分和平均分。

操作方法为：

步骤1：单击放置结果的单元格，在"布局"选项卡"数据"组中单击"公式"按钮。

步骤2：打开"公式"对话框，在"公式"文本框中默认的公式就是"=SUM(left)"，单击"确定"按钮，如图2-50所示。

图2-50 函数求和

步骤3：计算张同学的平均分，打开"公式"对话框，删除默认公式内容，保留等号。单击粘贴函数下三角按钮，选择计算平均分函数 AVERAGE()，输入参与运算的数据或单元格。在表格中，行号用数字1，2，3，列标用字母 A，B，C 表示，单元格用列标+行号表示。如张同学的语文成绩所在单元格是 B2，参与运算的单元格为 B2，C2，D2，函数可表示为 AVERAGE(B2,C2,D2)。为简化输入，可以用"起始单元格:终止单元格"表示连续的区间。公式可简化为 AVERAGE(B2:D2)，最后单击"确定"按钮即可，如图2-51所示。

图 2-51　函数求平均

2.4　制作图文并茂的文档

2.4.1　为文档插入与截取图片

在 Word 2016 中制作寻物启事、产品说明书及公司宣传册等文档时，往往需要插图配合文字解说，这就需要使用 Word 的图片编辑功能。通过该功能，可以制作出图文并茂的文档，从而给阅读者带来精美、直观的视觉冲击。

1. 插入图标

图标是 Word 2016 提供的存放在剪辑库中的图片，这些图片不仅内容丰富实用，而且涵盖了用户日常工作的各个领域。插入图标的具体操作方法如下：

步骤1：在要编辑的文档中，定位光标至插入点的位置。

步骤2：在"插入"选项卡中单击"插图"组中的"图标"按钮。

步骤3：在打开的"插入图标"对话框中，在左侧窗格中选择图标类型，在右侧窗格中显示出相应内容。找到需要的图片后，单击"插入"按钮即可，如图 2-52 所示。

2. 插入电脑中的图片

如果要将电脑中收藏的图片插入文档中，可通过单击"插图"组中的"图片"按钮实现。在文档中插入图片，具体操作方法如下：

步骤1：定位光标，在"插入"选项卡中单击"插图"组中的"图片"按钮。

步骤2：在弹出的"插入图片"对话框中选择需要插入的图片，单击"插入"按钮即可。

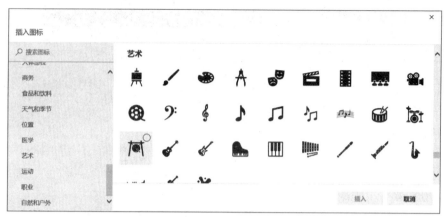

图 2-52 "插入图标"对话框

3. 插入屏幕截图

在 Word 2016 中可以快速截取屏幕图像，并直接插入文档中。"屏幕截图"功能会智能监视活动窗口（处于打开状态且没有最小化的窗口），可以很方便地截取活动窗口的图片并插入当前文档中。截取窗口的具体操作方法如下：

步骤 1：将光标插入点定位在需要插入图片的位置，切换到"插入"选项卡。

步骤 2：单击"插图"组中的"屏幕截图"按钮，在弹出的下拉列表的"可用视窗"栏中，以缩略图的形式显示当前所有活动窗口，单击要插入的窗口缩略图，此时，Word 2016 会自动截取该窗口图片并插入文档中。

使用"屏幕截图"功能插入屏幕截图时，除了插入窗口截图外，还可以插入任意区域的屏幕截图，具体操作方法如下：

步骤 1：单击"插图"组中的"屏幕截图"按钮，在弹出的下拉列表中选择"屏幕剪辑"选项。

步骤 2：整个屏幕将朦胧显示。按住鼠标左键不放，拖动鼠标选择截取区域，被选中的区域将呈高亮显示。选好截取区域后，松开鼠标左键，Word 2016 会自动将截取的屏幕图像插入文档中。

2.4.2 编辑图片

当用户单击插入的图标和图片时，功能区中将显示"图片工具/格式"选项卡，通过该选项卡，可对图片调整颜色、设置图片样式和环绕方式等。在"调整"组中，可删除图片的背景，调整颜色的亮度、对比度、饱和度和色调等格式，甚至设置艺术效果。在"图片样式"组中，可对图片应用内置样式，设置边框样式，设置阴影、映像和柔化边缘等效果，以及设置图片版式等格式。在"排列"组中，可调整图片的位置、设置环绕方式及旋转方式等格式。在"大小"组中，可对图片进行调整大小和裁剪等操作。

微课 2-7
图片编辑

1. 排列图片

将图片插入文档以后，可根据需要修改图片周围文字的环绕方式，使其更好地配合文本。图片周围文字环绕方式有:"嵌入型",为默认方式;"四周型",图片被文字从各个方向包围起来;"紧密型",类似于四周型,包围效果更紧密;"穿越型",图片内部空白位置可以显示出文字;"上下型",图片的左右不会有文字出现;"浮于文字上方",会有部分文字被其遮挡住,就像平时盖戳一样;"衬于文字下方",会有部分文字显示在图片上,就像常见的水印效果。新插入的图片默认应用的是"嵌入型"效果,若修改为"紧密型环绕"操作方法,有以下三种方法:

- 单击图片将其选中,在"图片工具/格式"选项卡"排版"组中单击"环绕文字",选择"紧密型环绕"。如图 2-53 所示,左侧为嵌入型效果,右侧为紧密型环绕效果。
- 单击图片右上角的"布局选项"按钮,在打开的菜单窗格中选择"紧密型环绕"。
- 右击图片,在"环绕文字"子菜单中选择"紧密型环绕"。

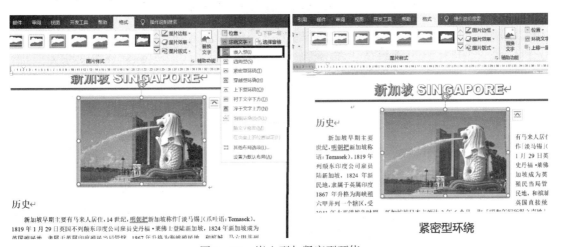

图 2-53　嵌入型与紧密型环绕

2. 裁剪图片

若只想使用图片的某一部分,可对图片进行裁剪,将不需要的某些部分切除。选中图片,单击"图片工具/格式"选项卡"大小"组"裁剪"下拉菜单的"裁剪"按钮,激活裁剪功能。这种方式下拖动鼠标,可从各个方向裁剪图片,但只能做水平或垂直的裁剪。

- 当该功能处于激活状态时,鼠标指针变为形状。
- 当单击水平方向上的中间句柄时,鼠标指针变为⊥(上端)或⊤(下端)形状。
- 当单击垂直方向上的中间句柄时,鼠标指针变为⊢(左端)⊣(右端)形状。
- 当单击 4 个角的句柄时,根据所选角的不同,会出现类似于⌐形状的鼠标指针。

Word 2016 中也可以将图片裁剪成某种形状,在"图片工具/格式"选项卡"大小"组"裁剪"下拉菜单的"裁剪为形状"子菜单中选择某一形状,如图 2-54 所示。

练习 11:将图片裁剪为剪去对角的矩形。

3. 调整图片大小、位置和角度

(1) 调整图片大小

操作方法有以下 4 种:

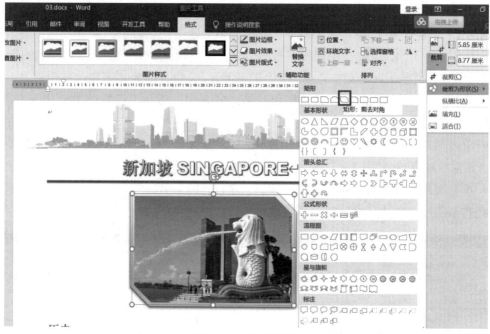

图 2-54 裁剪图片

- 选中图片，鼠标移到图片周边的控制点，鼠标指针呈双向箭头，拖动鼠标可以扩大或缩小图片。
- 在"图片工具/格式"选项卡"大小"组中输入图片的宽度或高度。
- 在"图片工具/格式"选项卡"大小"组中单击右下角的选项按钮，打开"布局"对话框，在"大小"选项卡中输入图片的宽度或高度，如图 2-55 所示。

图 2-55 "布局"对话框"大小"选项卡

- 右击图片，在右键菜单中选择"大小和位置"。

【注意】默认情况下，"布局"对话框的"大小"选项卡的"锁定纵横比"为选中状态，调整图片宽度时，高度自动调整。取消选中"锁定纵横比"，可将图片设置为固定宽度和高度。

(2) 移动图片位置

操作方法有以下 3 种：

- 将鼠标指针移至图片上，使其变成四向箭头，按住鼠标左键，拖到文档页面的适当位置，然后释放鼠标。
- 在"图片工具/格式"选项卡"排列"组"位置"下拉菜单的 9 个位置中选择。
- 若需要指定精确位置，在"图片工具/格式"选项卡"排列"组中单击"位置"下拉菜单的"其他布局选项"按钮，打开"布局"对话框。在"位置"选项卡中，可分别调整图像水平与垂直位置，还可以设置图片相对于不同对象的相对位置或在页面中的绝对位置，如图 2-56 所示。

图 2-56 "布局"对话框"位置"选项卡

(3) 调整图片样式

在"图片工具/格式"选项卡"图片样式"下拉菜单中，可快速为图片应用预设的样式效果。

练习 12：添加棱台矩形效果，如图 2-57 所示。

图片还可以设置边框、效果和版式。图片版式其实就是把图片转换为 SmartArt 图形，这样可以为图片添加标题或描述，也可以按照选择的 SmartArt 图形样式排列图片。图片边框可设置为实线或渐变线。图片有 6 种效果，分别为阴影、映像、发光、柔化边缘、棱台和

图 2-57　图片样式

三维旋转。单击"图片样式"组右下角的选项按钮，打开设置图片格式窗格，可进行更复杂的图片效果设置。

练习 13：为图片添加"中等渐变 – 个性 5"的渐变线条，方向为线性向上。

操作步骤为：

步骤 1：在图片格式窗格，选择"填充与线条"选项，选中"线条"组"渐变线"选项。

步骤 2：单击"预设渐变"，在打开的菜单中选择"中等渐变 – 个性 5"。

步骤 3：单击"方向"，在下拉菜单中选择"线性向上"，如图 2-58 所示。

(4) 调整图片亮度、删除背景和压缩图片

在 Word 2016 中可调整插入图片的亮度和对比度。操作方法为：在"图片工具/格式"选项卡"调整"组中单击"校正"按钮，在弹出的下拉菜单中，对颜色、饱和度和色调进行调整。

删除图片背景的操作步骤为：

步骤 1：选择 Word 文档中要去除背景的一张图片，然后单击功能区中的"格式"选项卡"调整"组中的"删除背景"按钮。

步骤 2：进入图片编辑状态，拖动矩形边框四周上的控制点，以便圈出最终要保留的图片区域。如果希望可以更灵活地控制，可以单击功能区中"标记要保留的区域"按钮，指定要保留下来的图片区域。也可以单击功能区中"标记要保留删除的区域"按钮，指定要删除的图片区域。单击"保留更改"，背景删除完成。

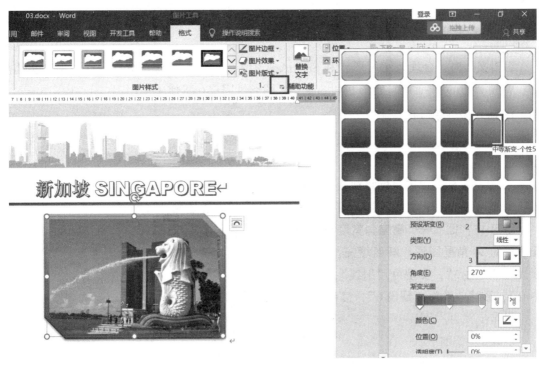

图 2-58 图片边框

为防止文件过大,Word 2016 提供了压缩图片功能,其操作方法为:选中需要压缩的图片。如果有多个图片需要压缩,则可以在按住 Ctrl 键的同时单击多个图片。在"图片工具/格式"选项卡的"调整"分组中,单击"压缩图片"按钮,打开"压缩图片"对话框,选中"仅应用于所选图片"复选框,并根据需要更改分辨率。

练习 14:压缩图片至 **96 ppi**。

操作方法是:在"图片工具/格式"选项卡的"调整"分组中单击"压缩图片"按钮,选中"电子邮件(96 ppi):尽可能缩小文档以便共享"单选按钮,如图 2-59 所示,单击"确定"按钮。

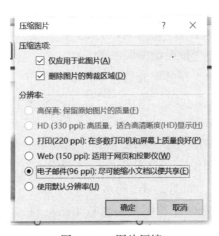

图 2-59 图片压缩

2.4.3 插入形状、文本框与 SmartArt 图形

编辑文档时，合理地使用形状和 SmartArt 图形，不仅能提高效率，而且能提升文档质量。Word 2016 提供了丰富的形状和 SmartArt 图形供用户在工作中使用。

1. 插入与删除形状

在"插入"选项卡"插图"组中单击"形状"下拉菜单中的某一形状，此时鼠标变为十字形。

- 单击鼠标：单击鼠标将插入默认尺寸的形状。
- 拖动鼠标：在文档中拖动鼠标，至适当大小后释放鼠标，可插入任意大小的形状。

练习 15：插入一个高度和宽度都是 5 厘米的无边框的 24 角星图形，渐变填充颜色为"顶部聚光灯-个性 5"，类型为"射线"，方向为"从中心"，形状效果为"预设 6"，棱台效果为圆。

操作步骤为：

步骤 1：添加形状。在"插入"选项卡"插图"组中，单击"形状"下拉菜单中的星与旗帜组 24 角星图形，在文档中需要的位置单击，添加了默认尺寸的图形。如图 2-60 所示。

步骤 2：去除轮廓线。在"图形工具/格式"选项卡"形状样式"组中单击"形状轮廓"按钮，在下拉菜单中选择"无轮廓"。

步骤 3：修改形状大小。在"图形工具/格式"选项卡"大小"组中，宽度和高度均输入 5 厘米。

步骤 4：设置填充效果。在"图形工具/格式"选项卡"形状样式"组中，单击右下角的选项按钮，打开设置形状格式窗格。在"填充"项中选中"渐变填充"。单击"预设渐变"右侧

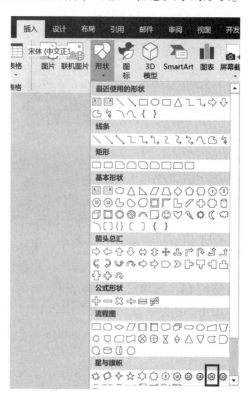

图 2-60　插入形状

的按钮，在打开的菜单中选择"顶部聚光灯-个性 5"。单击"类型"的右侧按钮，在打开的菜单中选择"射线"。单击"方向"按钮，在打开的菜单中选择"从中心"。如图 2-61 所示。

步骤 5：添加形状效果，在"图形工具/格式"选项卡"形状样式"组中单击"形状效果"按钮，在下拉菜单的"预设"子菜单中选择"预设 6"，再次打开形状效果下拉菜单，在棱台子菜单中选择"圆形"，如图 2-62 所示。

删除形状的操作方法：先选择该图形，再按 Delete 键或者右击图形，在菜单中选择"剪切"。

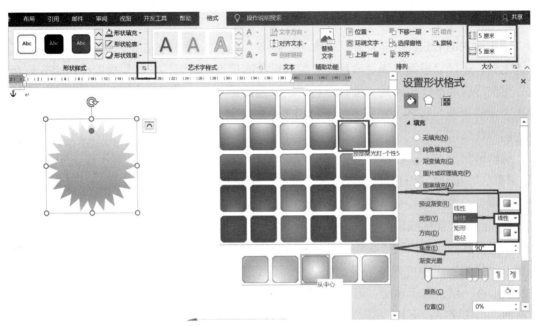

图 2-61　形状填充

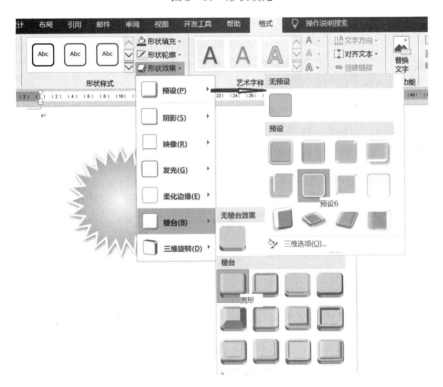

图 2-62　形状填充

【注意】 选择绘图工具后，可以用 Shift 键来画正方形、圆形和直线等规则图形。无论画哪种图案，或者改变图案的大小时，同时按住 Shift 键，可以不改变原图比例，实现同比例缩放。不按此键，可以随意改变图案形状比例。

2. 调整形状

选中插入的形状，可调整形状的大小、位置、角度，操作方法和调整图片的方法类似。除此之外，还可以根据需要更改形状、编辑形状的顶点、设置形状的层叠顺序和组合形状。

更改形状的操作步骤是：选择形状，在"绘图工具/格式"选项卡的"插入形状"组中单击"编辑形状"按钮，在打开的下拉列表中选择"更改形状"选项，在列表中选择需要更改的形状即可。

编辑形状顶点：选择形状后，在"绘图工具/格式"选项卡的"插入形状"组中单击"编辑形状"按钮，在打开的下拉列表中选择"编辑顶点"选项，此时形状边框上将显示多个黑色顶点，选择需要调整的顶点，拖动顶点可调整其位置。拖动顶点两侧的白色控制点，可调整顶点所连接的线段的形状，按 Esc 键可退出编辑。

排列形状：当添加的形状较多又位置重叠时，形状会相互遮挡。在"绘图工具/格式"选项卡"排列"组中可调整层叠次序，从而达到需要的效果。上移一层：可以将对象的叠放层次上移一层；置于顶层：可以将对象置于最前面；浮于文字上方：可以将对象置于文字的前面，挡住文字；下移一层：可以将对象的叠放层次下移一层；置于底层：可以将对象置于最后面，很可能会被前面的对象挡住；浮于文字之下：可以将对象置于文字的后面；选择窗格：显示选择窗格，帮助显示选择对象，并更改其顺序和可见性；对齐：设置对象的对齐方式。

形状的组合：将选中的多个对象组合成一个整体，可整体移动和调整图形。操作方法是：

● 按住 Shift 键，单击鼠标选中多个要组合的对象，在"绘图工具/格式"选项卡"排列"组中单击"组合"按钮，选择"组合"。

● 右击选中的多个形状，在右键菜单的"组合"子菜单中选择"组合"。

取消组合：将组合的对象拆分成原来的若干个独立对象。

【注意】还可以使用鼠标拖动的方法选中多个图形：从第一个对象开始拖动鼠标，直到这些图形都被包括进来，释放鼠标。一旦图形被选中，它将一直保持选中状态，直到单击其他位置。

3. 插入文本框

利用文本框可以排版出特殊的文档版式，在文本框中可以输入文本，也可以插入图片。文本框可以是 Word 自带样式的文本框，也可以是手动绘制的横排或竖排文本框。插入文本框的步骤如下：

步骤1：单击"插入"选项卡"文本"组中的"文本框"按钮，在弹出的下拉列表中选择需要的文本框样式，文档中将出现一个文本框。

步骤2：文本框的提示文字为占位符，此时直接输入需要的文本内容即可。

在文本框中输入字符后，可以像文件中的字符一样设置格式。在"绘图工具/格式"选项卡中可以对文本进行美化操作。在"形状样式"组中可以设置文本框的填充效果、轮廓样式等。在"艺术字样式"组中可以设置艺术字效果。

【注意】Word 文档中可以将已有的一段文本插入文本框中。操作方法是：选中全部文本内容，选择功能区中的"插入"选项卡右方的"文本框"，在下拉选项中选择"绘制文本框"，默认是横排显示的。也可以使用同样的方法将文本插入竖向排列的文本框中。

4. 插入 SmartArt

SmartArt 图形是信息和观点的视觉表示形式。使用 SmartArt 图形，可以快速、轻松、有效地传达信息。创建 SmartArt 图形的方法是：在"插入"选项卡"插图"组中单击 SmartArt 按钮，在打开的"选择 SmartArt 图形"对话框中，系统将提示用户选择一种 SmartArt 图形类型，例如"流程""层次结构""循环"或"关系"，并且每种类型包含几个不同的布局，选择一种类型和布局，单击"确定"按钮即完成添加，如图 2-63 所示。

微课 2-8
插入 SmartArt 图形

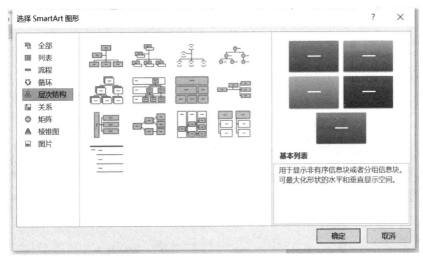

图 2-63　选择 SmartArt 图形

选中文档中的 SmartArt 图形，功能区中出现"SmartArt 工具"选项卡。通过此选项卡的"设计"和"格式"两个子选项卡，可以对图形进行进一步美化。在"设计"选项卡中，有创建图形组和两个用于快速更改 SmartArt 图形外观的库，即"SmartArt 样式"和"更改颜色"。将鼠标指针停留在其中任意一个库中的缩略图上时，无须实际应用便可预览相应 SmartArt 样式或颜色变体对 SmartArt 图形产生的影响，找到理想效果，选中即完成应用。在"创建图形"组中，可以添加多个多级图形、修改图形所属级别等。如果 SmartArt 样式库没有理想的效果，在"格式"选项卡中可以应用单独的形状样式或者完全由自己来自定义形状。

练习 16：插入布局为"连续块状流程"的 SmartArt 图形，内容分别为"卵""幼虫""蛹"和"成蝶"，修改颜色为"彩色范围 个性 4 至 5"，样式为砖块场景。

操作步骤如下：

步骤 1：打开需要插入 SmartArt 图形的文档，将光标移动到插入图形的位置，在"插入"功能区"插图"组中，单击"SmartArt"按钮，选择"流程"中的"连续块状流程"，如图 2-64 所示。

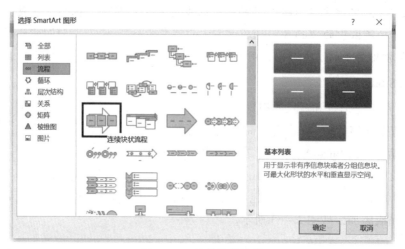

图 2-64 连续块状流程

步骤 2：选中图形，在"SmartArt 工具/设计"选项卡"创建图形"组中单击"添加形状"，在下拉菜单中选择"在后面添加形状"。

步骤 3：在四个形状方块内部，分别输入"卵""幼虫""甬"和"成蝶"，如图 2-65 所示。

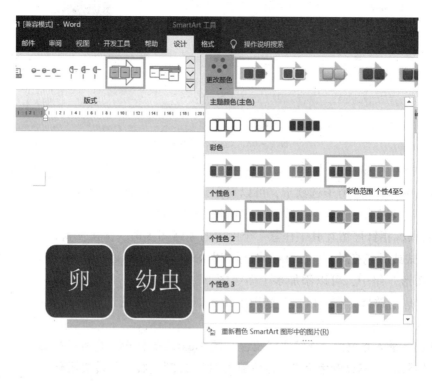

图 2-65 添加形状

步骤 4：在"SmartArt 工具/设计"选项卡"SmartArt 样式"组中选择"砖块场景"，如图 2-66 所示。

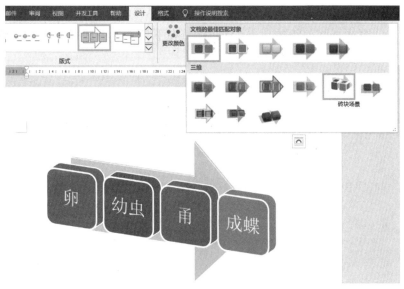

图 2-66 砖块场景

2.4.4 插入页码

页码用于显示文档的页数,首页可根据实际情况不显示页码。添加页码的操作是:在"插入"功能区"页眉和页脚"分组中单击"页码"按钮,选择页码的显示位置为页面顶端、页面底端、页边距或当前位置。选好位置以后,在子菜单中选择具体样式,有普通数字1、普通数字2、普通数字3等,从中选择一种即可,如图2-67所示。

图 2-67 插入页码

页码可以和普通文本一样，在"开始"选项卡中编辑字体、字形、字号，也可以在"插入"选项卡"页眉页脚"组中单击"页码"，在下拉菜单中选择"设置页码格式"，对页码进行进一步的编辑操作，如图 2-68 所示。

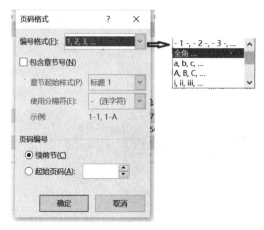

图 2-68 页码格式

"页码格式"对话框各区域的含义如下：

编号格式：下拉列表中选择合适的页码数字格式。

包含章节号：如果当前 Word 文档包括多个章节，并且希望在页码位置能体现出当前章节号，可以选中"包含章节号"复选框。然后在"章节起始样式"列表中选择编号所依据的章节样式；在"使用分隔符"列表中选择章节和页码的分隔符。

页码编号：默认"续前节"为选中状态，不同章节中页码是连续的。如果在 Word 文档中需要从当前位置开始重新编号，则可以选中"起始页码"单选框，并设置起始页码。

删除页码的方法：

- 在"插入"选项卡"页眉页脚"组中单击"页码"按钮，在下拉菜单中选择"删除页码"。
- 在显示页码的位置双击，此时页码处于选中状态，按键盘上的 Delete 键。

2.4.5 长文档的分页、分节

在 Word 中，可将文档通过分页符在指定位置分页。默认情况下，同一个文档具有相同的页面格式，若需要不同的页面格式，可添加分节符，之后可以对不同的节设置各自的页面格式。

1. 插入分页符

分页符用于在文档的任意位置强制分页，使分页符后边的内容转到新的一页。使用分页符的分页不同于 Word 文档自动分页，分页符前后文档始终处于两个不同的页面中，不会随着字体、版式的改变合并为一页。手动插入分页符后，上一页与新一页格式元素保持一致。用户可以通过 3 种方法在 Word 文档中插入分页符：

- 打开 Word 文档窗口，将插入点定位到需要分页的位置。在"布局"选项卡"页面设置"分组中单击"分隔符"按钮,在打开的下拉列表中选择"分页符"选项。

- 打开 Word 文档窗口,将插入点定位到需要分页的位置,在"插入"选项卡"页面"组中单击"分页"按钮即可。
- 打开 Word 文档窗口,将插入点定位到需要分页的位置,按下 Ctrl + Enter 组合键插入分页符。

2. 插入分节符

分节符是指在节的结尾插入的标记。分节符包含节的格式设置元素,例如页边距、页面的方向、页眉和页脚,以及页码的顺序等。

插入分节符的方法是:将光标定位到要分节的位置,在"布局"选项卡"页面设置"组中单击"分隔符"按钮,在下拉菜单中选择相应类型,如图2-69所示。

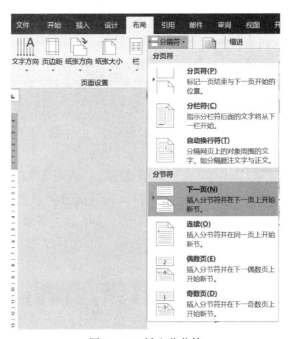

图 2-69 插入分节符

有 4 种不同类型的分节符:
- 下一页:在下一页开始一个新版面。
- 连续:在同一页开始一个新版面。
- 偶数页:在下一个偶数页开始一个新版面。
- 奇数页:在下一个奇数页开始一个新版面。

【注意】分节后,可以将 Word 文档分成多个部分。每个部分可以有不同的页边距、页眉页脚、纸张大小等页面设置。

3. 查看与隐藏分页符、分节符

打开文档之后,找到功能区中"开始"选项卡"段落"组的"显示/隐藏编辑标记"功能图标,分节符和分页符都会显示出来。或者在"视图"选项卡"视图"组中选择"草稿"按钮，此时分页符、分节符可见。再次单击文档菜单栏中的"显示/隐藏编辑标记"功能图标，即可进行隐藏。

4. 删除分节符、分页符

将鼠标光标放到分节符或分页符前面，然后按下 Delete 键（删除键）即可。

2.4.6 插入目录、题注、脚注和尾注

编辑书本、论文等长文档时，往往需要添加目录、题注、脚注和尾注。这些内容的添加，都可以通过"引用"选项卡实现。

1. 插入目录

Word 可根据文章的章节自动生成目录，不但快捷，而且方便查找内容。按住 Ctrl 键单击目录中的某一章节，就会直接跳转到该页。更重要的是便于今后修改，因为写完的文章难免多次修改、增加或删减内容。倘若用手工给目录标页，中间内容一改，后面页码全要改。自动生成的目录，可以任意修改文章内容，最后更新一下目录就会重新把目录对应到相应的页码上去。制作目录的步骤如下：

步骤 1：在文中各个章节的标题上，应用"标题 1""标题 2"等标题样式。例如，文中的各章标题用样式中的"标题 1"定义，各节标题用"标题 2"定义，节内部的标题用"标题 3"来定义。

步骤 2：应用样式以后，将光标移到准备插入目录的空白位置（通常是文章最开始），在"引用"选项卡"目录"组中单击"目录"按钮，在弹出的下拉菜单中选择目录模式，如图 2-70 所示。

步骤 3：如果添加目录后又对文档进行了修改，则右击目录，在菜单中选中"更新域"，出现"更新目录"对话框。"只更新页码"，标题不参与更新；"更新整个目录"表示页码与标题都更新。一般选择"更新整个目录"，单击"确定"按钮更新完成，如图 2-71 所示。

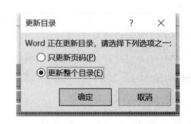

图 2-70　引用目录　　　　　图 2-71　更新目录

若自动添加的目录不符合要求，还可以自定义目录。操作步骤是：在"引用"选项卡"目录"组中单击"目录"按钮，在弹出的下拉菜单中选择"自定义目录"，打开"目录"对话框，如图 2-72 所示。在对话框中可修改目录的前导符、目录的格式，以及目录的显示级别。

图 2-72 "目录"对话框

删除目录的操作步骤是：在"引用"选项卡"目录"组中单击"目录"按钮，在弹出的下拉菜单中选择"删除目录"。

2. 插入题注

工作中经常遇到图文混排的文档，对文档中插入的图表逐一编号非常麻烦。要增删或移动中间某个图表时，需要将其后的所有图表逐一修改。使用 Word 的"插入题注"功能，可以实现图、表、公式自动编号。以添加图片题注为例，操作方法如下：

步骤 1：选中图片，单击"引用"选项卡"题注"组中的"插入题注"命令，在打开的"题注"对话框中单击"插入题注"按钮。或者右击图片，在弹出菜单中选择"插入题注"菜单项，打开"题注"对话框，如图 2-73 所示。

步骤 2：在"题注"对话框中单击"新建标签"按钮，输入标签的样式，例"图 2-"，单击"确定"按钮。

步骤 3：回到"题注"对话框，单击右下角的"编号"按钮。打开"题注编号"对话框，如图 2-74 所示，单击"格式"下拉按钮，选择相应的格式菜单项。若需要章节号自动出现在题注，可选中"包含章节号"。然后在章节起始样式下拉菜单中选择需要包含的标题样式，再使用分隔符下拉菜单，选择章节号和编号之间的分隔符。

　　　　图 2－73　"题注"对话框　　　　　图 2－74　"题注编号"对话框

　　步骤4：设置完成后，单击"确定"按钮，该图片便添加题注了。
　　步骤5：以后再插入其他图片的题注，只需要右击图片，选择"插入题注"，在弹出的"题注"对话框中单击"确定"按钮，便会自动添加相应的题注编号，如图2－75所示。

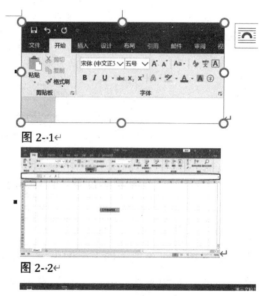

图 2－75　题注效果

　　【提示】如果增删或移动了其中的某个图表，其他图表的标签会相应地自动改变。如果没有自动改变，可以选中题注内容，然后在右键菜单中选择"更新域"命令。
　　添加过题注的文档，可自动添加图表目录。
　　练习17：在文档中标记"插入图表目录"的位置添加"正式"图表目录。
　　操作步骤如下：
　　步骤1：选中文档中"插入图标目录"，单击"引用"选项卡"题注"组的"插入表目录"命令，打开"图表目录"对话框，如图2－76所示。
　　步骤2：在对话框中，单击"格式"下来菜单，选择"正式"，单击"确定"按钮。

图 2-76 "图表目录"对话框

3. 脚注和尾注

尾注和脚注相似，是一种对文本的补充说明。脚注一般位于页面的底部，可以作为文档某处内容的注释；尾注一般位于文档的末尾，列出引文的出处等。

插入脚注或尾注的方法是：选中文档中需要注释的内容，单击"引用"选项卡"脚注"组的插入脚注或插入尾注按钮，在弹出的页面位置输入注释内容即可。

用户可以通过在文档中的引用标记上悬停鼠标来查看脚注和尾注。当鼠标指针停留在引用标记上时，会出现一个包含注释文本的屏幕提示。要在屏幕底部的独立窗格中显示注释内容时，可以双击注释引用标记。设置脚注和尾注时，应注意以下内容：

- 当添加、删除、移动和复制脚注和尾注时，它们可以自动重新编号。
- 尾注位于文档末尾，但也可以放在章节末尾。
- 一个脚注或一个尾注由具有关联的两部分组成，即引用标记和相应的说明文字。
- 脚注、尾注中的文本可以像正常文本一样具有任意长度和格式。
- 脚注、尾注的引用标记一般是数字，但也可以是字母或字符。

修改脚注或者尾注，其方法大部分和 Word 编辑方法一样。也可单击"引用"选项卡"脚注"组的选项按钮，打开"脚注和尾注"对话框，如图 2-77 所示。用户可以根据需要将脚注转换为尾注，反之亦然。在对话框中单击"转换"按钮即可。

2.4.7 插入文档部件与首字下沉

使用文档部件可以创建、存储和查找可重用的内容片段，包括自动图文集、文档属性（如标题和作者）及域。这些可重用的内容块也称为构建基块。

自动图文集是存储文本和图形的一种常见的构建基块，可存储和反复访问的可使用内容。将文本保存到自动图文集库的操作方法是：选择要重复使用的文本，在"插入"选项卡"文本"组中单击"自动图文集"，然后在子菜单中单击"将所选内容保存到自动图文集库"，或者按快捷键 Alt + F3，打开"新建构建基块"对话框，如图 2 - 78 所示，输入名称后，单击"确定"按钮即可。

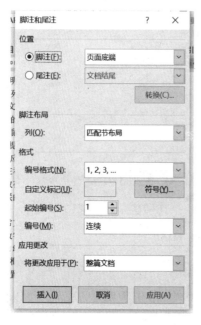

图 2 - 77　"脚注和尾注"对话框

图 2 - 78　"新建构建基块"对话框

在文档中使用自动图文集：在"插入"选项卡"文本"组中单击"文档部件"，选择"自动图文集"，然后选择所需的条目。

删除自动图文集：在"插入"选项卡的"文本"组中单击"文档部件"，然后单击"构建基块管理器"。如果知道构建基块的名称，则单击"名称"按钮，以按名称进行排序。选择所需条目，然后单击"删除"按钮。当系统询问是否确定要删除构建基块条目时，单击"是"按钮。

文档属性有备注、标题、单位、作者等。添加文档属性的方法是：在"插入"选项卡"文本"组中单击"文档属性"，在可插入文档的属性的列表中进行选择。

域是 Word 自动化操作的特殊代码，每个域都是不同的，它们用来指导文档中自动插入文字、图形等内容，也可以理解为文档中可能发生变化的数据都可以用域功能操作。域可以提供自动更新的信息，如时间、标题、页码等。添加域的操作是：将定位光标到要插入域的位置，在"插入"选项卡"文本"组中单击"文档部件"，在弹出的下拉菜单中单击"域"。在弹出"域"的对话框中单击"类别"列表，选择所需的类别，在"域名"列表中选择所需的域名，对域属性和域选项进行设置，最后单击"确定"按钮保存修改。

练习 18：完成表格数据的排序后，使用"AutoNum"域填入名次。

操作步骤如下：

步骤1：将光标定位到要填入名次的单元格，在"插入"选项卡"文本"组中单击"文档部件"选项，在弹出的下拉菜单中单击"域"，显示"域"对话框，如图2-79所示。

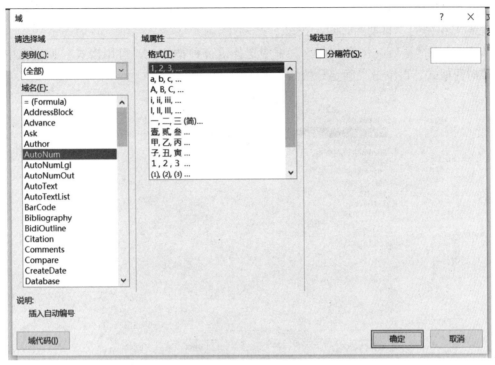

图2-79 "域"对话框

步骤2：在"域名"框中选择"AutoNum"，在"格式"中选择"1, 2, 3, …"，单击"确定"按钮。

首字下沉：设置段落的开始处的文字字体变大，并且向下沉一定的距离，段落的其他部分保持原样。插入首字下沉的方法是：选择段落的第一个字符，在"插入"选项卡"文本"组中单击"首字下沉"，选择下沉、悬挂或首字下沉选项。

练习19：将本段"首字"设为首字下沉，下沉2行，距离正文0.2厘米。

操作步骤为：

步骤1：在"插入"选项卡"文本"组中单击"首字下沉"，选择"首字下沉选项"。

步骤2：在"首字下沉"对话框中，选择下沉行数为2，距正文为0.2厘米。

删除首字下沉的方法是：选中下沉文本，在"插入"选项卡中单击"首字下沉"，然后选择"无"。

2.4.8 插入日期、公式与特殊符号

在编辑一些文档时，需要添加日期，还可能要求日期能实时更新；在编写理工类文档时，经常需要插入特殊符号和公式，这些都可以在Word中实现。

微课2-9
插入日期

1. 插入日期时间

日期和时间功能可以实现将当前日期插入文档中（就像邮票上盖有包含信件接收时间

的邮戳），也可以根据需要显示文档被打开的时间。输入日期的操作方法有 3 种：

方法 1：插入文本形式的日期与时间。

步骤 1：打开文档，将光标插入点定位在需插入日期或时间的位置，单击"插入"选项卡"文本"组中的"日期和时间"按钮。

步骤 2：在"语言（国家/地区）"框中选择语言种类，在"可用格式"列表框中选择日期或时间格式，再单击"确定"按钮，如图 2-80 所示。

图 2-80 "日期和时间"对话框

【注意】如果勾选上"日期和时间"对话框右下角的"自动更新"，那么每次打开文档后，显示的都是当前最新日期。

方法 2：按下 Alt + Shift + D 组合键，可以以域的形式插入时间和日期。右键编辑它，以后可以随时更新域。

方法 3：插入日期选取器。

在"开发工具"选项卡"控件"组中选择"日期选取器内容控件"。

练习 20：插入"日期选取器"，选择"今天"日期，并设置显示格式如"二〇二〇年四月二十五日"，且内容控件无法删除。

步骤 1：将光标定位至添加日期的位置，在"开发工具"选项卡"控件"组中选择"日期选取器内容控件"，如图 2-81 所示。

步骤 2：在控件下拉菜单的日历表中，选择今日。

步骤 3：在"开发工具"选项卡"控件"组中选择"属性"。在打开的"内容控件属性"对话框"锁定"组中选择"无法删除内容控件"，在"日期显示方式"组中选择"二〇二〇年四月二十五日"，如图 2-82 所示。

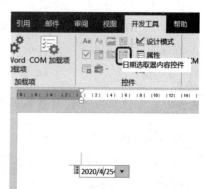

图 2-81 插入日期选取器

图 2-82 内容控件属性

2. 公式录入

使用 Word 2016 中的"插入公式"功能，可以轻松地在 Word 中编辑数学公式。首先，将光标定位至要插入公式的位置，在"插入"选项卡"符号"组中单击"公式"按钮，如图 2-83 所示。在下拉菜单中，选择需要的公式样式。若样式中没有需要的公式，可以选择"插入新公式"，或者使用快捷键 Alt + =。

进入公式编辑的状态，可以通过"公式工具/设计"选项卡对公式进一步修改。

3. 添加特殊符号

特殊字符是通过常用输入法不易输入的字符。以插入"&"符号为例，操作步骤如下：

步骤1：在"插入"选项卡"符号"组中单击"符号"下拉菜单的"其他符号"命令，弹出"符号"对话框。

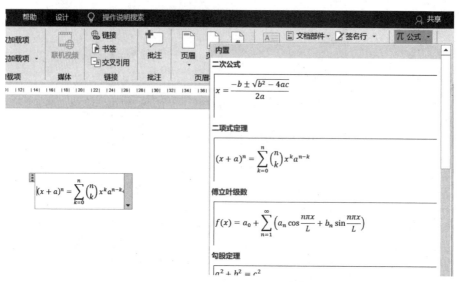

图 2-83 插入公式

步骤 2：选择字符"&"，单击"插入"按钮，然后单击"关闭"按钮，& 字符便显示在光标所在位置。

2.5 审阅工具

在一些正式场合,.文档由作者编辑完成后，一般还需要审阅者进行审阅，如进行拼写和语法检查、统计字数等。

2.5.1 拼写和语法检查

1. 定义

拼写功能可以检查拼写错误、重复词语和一些错误的大小写情况。语法功能依据自然语言语法要求精确检测出可能包含错误语法和书写格式的句子。

当使用某个文档的时候，可视化的提示将会出现在屏幕上：被检测出有拼写错误的文本将会标有红色波浪线；被检测出有语法错误的文本将会标有绿色波浪线。

2. 启用检查

步骤 1：打开 Word 2016 文档窗口，单击"文件"菜单"选项"按钮。

步骤 2：打开"Word 选项"对话框，单击"校对"选项卡。在"在 Word 中更正拼写和语法时"区域选中"随拼写检查语法"复选框，并单击"确定"按钮。

"校对"选项卡中各个选项的含义解释如下：

① 忽略全部大写的单词：选中该选项，将忽略检查全部大写的英文单词，例如 WORD。

② 忽略包含数字的单词：选中该选项，将忽略检查含有数字的英文单词，例如 EQ123。

③ 忽略 Internet 和文件地址：选中该选项，将忽略检查网址、电子邮件地址和文件路径，

例如 www.wordhome.com.cn。

④标记重复单词：选中该选项，可以对同一行中连续出现两次的单词做出拼写错误的提示。

⑤仅根据主词典提供建议：选中该选项，将仅依据 Word 内置词典进行拼写检查，而忽略自定义词典中的单词。

⑥自定义词典：选中该选项，将启用自定义词典，但受到"仅根据主词典提供建议"的限制。

⑦键入时检查拼写：选中该选项，将在输入单词或短语时检查拼写正误。

⑧键入时标记语法错误：选中该选项，将在输入文章内容时同步检查并标记语法错误。

⑨随拼写检查语法：选中该选项，将在检查单词或短语的拼写正误时同步检查语法错误。

⑩显示可读性统计信息：选中该选项，将在完成拼写和语法检查后打开统计信息对话框。

以上选项可以根据实际需要选中或取消。

3. 改正检测出的问题

在 Word 2016 文档窗口，如果看到该 Word 文档中包含有红色、蓝色或绿色的波浪线，说明 Word 文档中存在拼写或语法错误。此时，可直接在文档中修改至正确，波浪线随即消失。若不能确定问题，可打开"拼写和语法"对话框，修改方法如下：

步骤1：切换到"审阅"功能区，在"校对"分组中单击"拼写和语法"按钮，或者按 F7 键。

步骤2：打开"拼写和语法"窗格，根据提示与建议修改原文。如果标识的单词或短语没有错误，可以单击"忽略"或"全部忽略"按钮忽略关于此单词或词组的修改建议，如图 2-84 所示。

步骤3：完成拼写和语法检查后，在"拼写和语法"窗格中单击"关闭"按钮即可。

2.5.2 字数统计

Word 2016 字数统计方法有两种：

1. 在状态栏查看

打开 Word 文档之后，在状态栏左下角能看到当前文档的总字数。用鼠标选择需要统计的部分，查看状态栏中字数显示，此时前面那个数字就是选中的字数，后面是全文的数字。

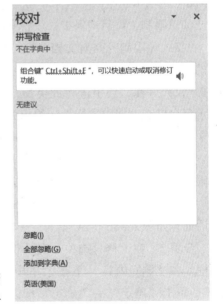

图 2-84 校对窗格

2. 使用字数统计功能

步骤1：打开 Word 2016 文档之后，找到功能区中的"审阅"选项。

步骤2：单击"校对"组的"字数统计"功能，弹出如图2-85所示对话框，在"统计信息"里可以查看页数、字数、字符数、段落、行数等的统计信息。

2.5.3 修订与插入批注

在审阅文档时，通过修订和批注功能，可在文档上标识出修改的内容或添加修改建议。

微课2-10 修订

图2-85 字数统计

1. 修订与限制编辑

修改文章的时候经常用到 Word 的修订功能，将修改的痕迹记录下来，可非常清楚地看到文档中发生变化的部分。具体操作方法如下：

在"审阅"选项卡"修订"组中单击"修订"按钮，在弹出的下拉列表中选择"修订"选项，"修订"按钮将呈高亮状态显示，表示文档呈修订状态，此时对文档的所有修改都会以修订的形式清楚地反映出来。再次单击"修订"按钮，可取消修订功能。单击"修订"组右下角的选项按钮，打开修订选项对话框，可对修订功能进一步编辑。

【提示】按 Ctrl + Shift + E 组合键可以快速启动或取消修订功能。

为保护原文，还可以限制编辑权限，以便文档只能进行部分编辑。操作方法是：在"审阅"选项卡"保护"组中单击"限制编辑"按钮，打开"限制编辑"窗格，选择格式限制或编辑限制，再启动保护，设置密码即可。

"格式化限制"是对文档中格式操作的限制，选中该选项后，具体限制的格式可通过其下的"设置"按钮进行设置。

"仅允许在文档中进行此类型的编辑"是设置允许对文档进行的操作；选中"批注"，表示只允许在文档中进行批注的相关操作；选中"不允许任何更改（只读）"，则只允许阅读文档。可通过其下的下拉列表选择允许的操作，还可以设置允许操作的用户等。

练习21：设置修订选项，以便删除的内容以"深红色双删除线"进行标记。限制编辑权限，以便文档只能在修订环境下进行编辑。

步骤1：在"审阅"选项卡"修订"组中单击右下角的选项按钮，打开"修订选项"对话框，如图2-86所示。

步骤2：在"修订选项"对话框中单击"高级选项"按钮，打开"高级修订选项"对话框，在"删除内容"下拉菜单中选择"双删除线"，在"颜色"下拉菜单中选择"深红"。单击"确定"→"确定"按钮。

步骤3：在"审阅"选项卡"保护"组中单击"限制编辑"按钮，打开"限制编辑"窗格，选中"仅允许在文档中进行此类型的编辑"，在其下面的下拉菜单中选择"修订"。单击"是，启动强制保护"按钮，如图2-87所示。

步骤4：在"启动强制保护"对话框中输入两次密码，单击"确定"按钮。

图 2-86 修订选项

图 2-87 限制编辑窗格

【注意】审阅窗格有垂直（屏幕侧边）和水平（屏幕底部）两种。若在两种窗格间切换，单击"审阅"选项卡"修订"组中的"审阅窗格"旁的箭头，然后在下拉菜单中选择"垂直审阅窗格"或"水平审阅窗格"。

取消文档限制的方法是：

步骤1：再次选择"审阅"下的"限制编辑"选项，在文档的右侧出现"限制编辑和格式"对话框，单击"停止保护"按钮，打开"取消文档保护"对话框。

步骤2：在打开的"取消文档保护"对话框中输入保护文档时设置的密码，单击"确定"按钮即可。

2. 接受或拒绝修订

对于修订过的 Word 文档，作者可对修订做出接受或拒绝操作。若接受修订，文档会保存为审阅者修改后的状态；若拒绝修订，文档会保存为修改前的状态。

（1）接受修订

接受修订，可通过下面两种操作方法实现。

逐一接受：将光标插入点定位在某修订位置，在"审阅"选项卡的"更改"组中单击"接受"按钮下方的下三角按钮，在弹出的下拉列表中选择"接受并移到下一条"或"接受修订"选项。

全部接受：在"更改"组中单击"接受"按钮下方的下三角按钮，在弹出的下拉列表中选择"接受对文档的所有修订"选项。

【提示】使用鼠标右键单击某条修订，在弹出的快捷菜单中也可对其进行接受或拒绝操作。

（2）拒绝修订

可通过下面两种方法拒绝修订建议。

逐一拒绝：将光标插入点定位在某修订位置，在"审阅"选项卡的"更改"组中单击"拒绝"按钮下方的下三角按钮，在弹出的下拉列表中选择"拒绝并移到下一条"或"拒绝修订"选项。

全部拒绝：在"更改"组中单击"拒绝"按钮下方的下三角按钮，在弹出的下拉列表中选择"拒绝对文档的所有修订"选项。

【知识拓展】不同用户所做的更改，可采用不同的颜色进行标记。当在修订标记上停留时，屏幕上会显示一个含有用户姓名、修订日期和修订时间的小提示。

3. 新建或删除批注

批注是文档作者与审阅者的沟通渠道，审阅者可将自己的见解以批注的形式插入文档中，供作者查看或参考。具体操作方法如下：

步骤 1：选中要添加批注的文字。如果没有选中，默认为鼠标焦点所在位置到该位置前面最近的一个词。

步骤 2：在"审阅"选项卡"批注"组中单击"新建批注"选项。

步骤 3：窗口右侧将建立一个标记区，且标记区中会为选定的文本添加批注框，并通过连线将文本与批注框连接起来，此时可在批注框中输入批注内容，如图 2-88 所示。

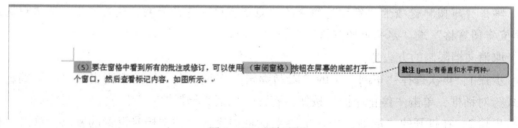

图 2-88　添加批注

若要将批注删除掉，先将其选中，在"批注"组中单击"删除"按钮下方的下三角按钮，在弹出的下拉列表中选择"删除"选项即可。

【提示】在"批注"选项组中，若在弹出的下拉列表框中选择"删除文档中的所有批注"选项，则可以快速删除文档中的全部批注。

2.6 页面设置和打印

2.6.1 文档的页面设置

适当地修改纸张大小和页边距，既可以使打印的内容更美观，也可以有效节约纸张。

1. 设置纸张大小与方向

纸张的默认尺寸为 21 cm × 29.7 cm（纸型为 A4），页面方向为纵向。根据实际情况，用户可以修改文档中纸张的尺寸和页面方向。修改纸张大小的方法是：

步骤 1：打开 Word 2016 文档窗口，切换到"布局"选项卡。

步骤 2：在"页面设置"分组中单击"纸张大小"按钮，并在打开的"纸张大小"列表中选择合适的纸张即可。

如果这些纸张类型均不能满足用户的需求，可以在"页面设置"对话框中选择更多的纸张类型或自定义纸张大小。操作步骤如下：

步骤 1：打开 Word 2016 文档窗口，切换到"布局"功能区"页面设置"分组，单击右下角的选项按钮。

步骤 2：在打开的"页面设置"对话框中，切换到"纸张"选项卡。在"纸张大小"区域单击"纸张大小"下三角按钮，选择"自定义大小"。在"纸张来源"区域可以为 Word 文档的首页和其他页分别选择纸张的来源方式，这样使 Word 文档首页可以使用不同于其他页的纸张类型。单击"应用于"下三角按钮，在下拉列表中选择当前纸张设置的应用范围。默认作用于整篇文档。如果选择"插入点之后"，则当前纸张设置仅作用于插入点当前所在位置之后的页面。设置完毕后，单击"确定"按钮即可。

纸张方向的纵向是垂直方向，横向是水平方向。更改纸张方向的方法：打开 Word 2016 文档，在"布局"选项卡"页面设置"组中单击"纸张方向"按钮。在"纸张方向"菜单中选择"横向"或"纵向"。这些选项也可以在"页面设置"对话框的"页边距"选项卡中更改或查看。

2. 修改页边距

页边距决定着文档边缘空白部分的大小。可以为全部文档或文档中的某些部分修改页边距。修改页边距主要有两种方法：

方法 1：使用标尺。

页边距的上、下边界线显示于垂直标尺的高亮区域（处于边界线之内）和灰色区域（处于边界线之外）之间。页边距的左、右边界线显示于水平标尺的高亮区域和灰色区域之间。要调整页边距,可以将鼠标指针定位至标尺灰与白区域之间。当出现双向箭头时,表明页边距被选中,拖动鼠标即可指定新的页边距位置,如图2-89所示。

图2-89 使用标尺调整页边距

方法2:使用功能区。

用户也可以在"布局"功能区的"页面设置"分组中单击"页边距"按钮,在打开的"页边距"列表中选择合适的页边距。若列表中的边距均不符合要求,可选择自定义边距,在打开的对话框中分别指定上、下、左、右页边距即可,如图2-90所示。若需要装订,可指定装订线的位置在顶部或左侧,以及装订线所占的边距大小。

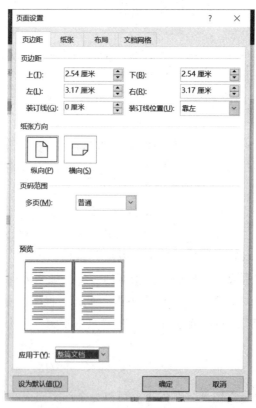

图2-90 "页面设置"对话框

2.6.2 为文档添加页眉/页脚

页眉和页脚是显示在每一页的顶部和底部的文本或图片,如标题、页码、作者姓名或公司的标志等。其内容可以每页都相同，也可以为奇偶页和首页设置不同的页眉和页脚。页眉内容将被打印在文档顶部的页边空白处，页脚内容将被打印在文档底部的页边空白处。

插入页眉、页脚的方法类似，下面以页眉为例。操作方法为：打开需要添加页眉的 Word 文档，在功能区选择"插入"选项卡，在"页眉页脚"组中选择"页眉"按钮，在下拉列表中选择需要的页眉模板。单击"页眉"的下三角按钮，在下拉列表中下方还可以编辑页眉和删除页眉。

练习 22：插入"网格"页眉，如图 2-91 所示。

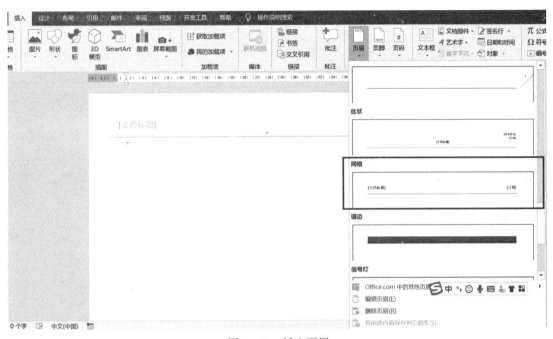

图 2-91 插入页眉

【注意】只有在页面视图中才能看到页眉和页脚。

插入页眉后，自动显示"页眉和页脚工具"选项卡。可通过此选项卡编辑首页不同、奇偶页不同、对齐方式、页眉与顶端和底端的距离等页眉信息，如图 2-92 所示。

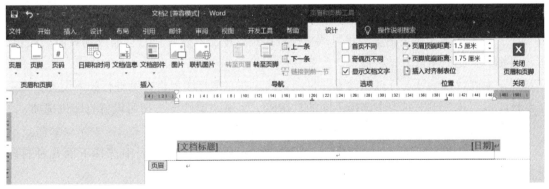

图 2-92 页眉页脚工具

设置好页眉后，单击"页眉和页脚工具/设计"选项卡"关闭"组的"关闭页眉和页脚"按钮，或双击文档退出页眉的编辑状态，回到文档编辑状态。在文档编辑状态，双击页眉或页脚，可切换回页眉/页脚编辑状态。

2.6.3 打印

微课 2-11
打印

Word 提供几种不同的打印方式，用户可以选择打印全部或部分文档。打印文档之前，应对文档内容进行预览，及时发现不妥的地方并进行调整，直到预览效果符合要求后，再按需要设置打印份数、打印范围等参数，并最终执行打印操作。

预览文档的方法是：选择"文件"菜单中的"打印"命令或者按 Ctrl + P 组合键，在右侧的界面中可显示打印效果。利用界面底部的参数可辅助预览文档内容，如图 2-93 所示。

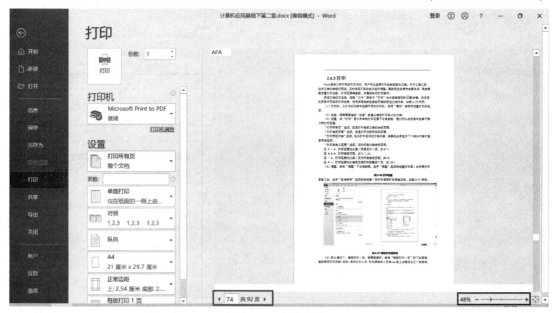

图 2-93 打印预览

在"页数"栏可查看当前页数与总页数，输入需要预览的页码，可跳转到该页。也可以通过单击该栏两侧的"上一页"按钮和"下一页"按钮，逐页预览文档内容。

在"显示比例"栏，拖动滑块可调整预览比例，单击该栏右侧的"缩放到页面"按钮，可快速将预览比例调整为显示整页。

预览无误后，便可进行打印设置并打印文档。在左侧打印窗格，可进行如下设置：

打印机：从打印机列表中选择不同的打印机。使用"属性"按钮可设置打印机选项。

份数：根据需要修改"份数"数值，以确定打印多少份文档。

设置：在"打印"窗口中单击打印范围的下三角按钮，在列表中选择下面几种打印范围：

"打印所有页"选项，打印当前文档的全部页面。

"打印当前页面"选项，打印光标所在的页面。

"打印所选内容"选项，只打印选中的文档内容。事先必须选中一部分内容才能使用该选项。

"打印自定义范围"选项，只打印被指定的页码。

\#-\#：打印范围为从某一页至另外一页，如 5-7。

\#,\#,\#：打印指定页面，如 3,7,10。

-\#：打印范围为从第 1 页至指定页面，如 -6。

\#-：打印范围为从指定页面打印至最后一页，如 13-。

单面打印：默认是单面打印，需要双面打印时，在下拉菜单中，根据打印机功能选择双面打印或手动双面打印。

对照：默认选中"对照"选项，表示先打印第 1 份，再打印第 2 份，直至完成，即按份打印；选中"非对照"选项，则第 1 页打印指定份数后，再打印后续页码，即按页打印。

纵向：在下拉菜单中可选择纸张方向为"纵向"或"横向"。

A4：在下拉菜单中，可进行打印纸张大小的选择。

正常边距：可修改页边距为常规、窄、中等、宽或自定义页边距。

每版打印 1 页：为默认设置，若需要缩印，单击"每版打印 1 页"的下拉菜单，修改每页打印页数（例如，每页打印 4 页，即为原来的 1 页在 A4 纸上占据 1/4 的空间，一页 A4 纸将打印 4 页文档）。

练习 23：使用 **XPS** 打印机打印文档，页边距"中等"，每版打印 **2** 页，如图 **2 - 94** 所示。

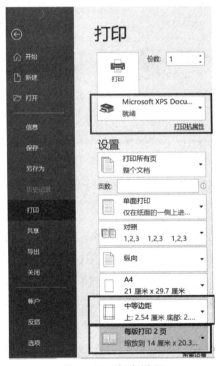

图 2 - 94　打印设置

2.7　Word 2016 的高级功能

2.7.1　定位与链接文档内容

微课 2－12
定位与链接
文档内容

Word 中的书签的工作方式类似于书籍中的书签：它标记了方便再次查找的位置，此外，可以为每个书签指定唯一名称，以便识别。

1. 添加书签

为指定的位置添加书签的操作步骤是：

步骤 1：选择文本、图片或文档中要插入书签的位置。

步骤 2：单击"插入"选项卡"链接"组的"书签"按钮，打开"书签"对话框，如图 2－95 所示。

图 2－95　"书签"对话框

步骤 3：在"书签"对话框中的"书签名"下键入名称，然后单击"添加"按钮。

2. 转到"书签"位置

创建书签后，可以在文档中随时跳转到这些书签。操作方法是：按快捷键 Ctrl + G，或在"开始"选项卡"编辑"组中单击"查找"按钮，在下拉菜单中选择"转到"。在打开的"查找和替换"对话框的"定位"选项卡"定位目标"下单击"书签"，输入或选择书签名称，然后单击"定位"按钮，如图 2－96 所示。

3. 删除书签

单击"插入"→"链接"→"书签"→"名称"或"位置"，可对文档中的书签列表进行排序。单击要删除的书签的名称，然后单击"删除"按钮。

图 2-96 "定位"选项卡

4. 创建超链接

在 Word 文档中创建基本超链接的最快方式是在键入现有网页地址（如 http://www.contoso.com）后按 Enter 键或空格键。Office 会自动将地址转换为链接。除了网页，还可创建指向计算机上现有文件或新文件、指向电子邮件地址及指向文档中特定位置的链接。文本链接到书签指定位置的操作方法如下：

步骤 1：输入要用作超链接的文本，选中该文本，右击，在右键菜单中选择"超链接"。

步骤 2：在"插入超链接"对话框中单击"书签"。在打开的链接位置单击需要链接的书签名，再单击"确定"按钮即可。

【注意】若要自定义将指针悬停在超链接上时出现的屏幕提示，则单击"屏幕提示"按钮，然后键入所需的文本。

5. 删除超链接

右击有链接的文本，然后单击"取消超链接"按钮，即可保留文本而只删除链接。

【注意】若要同时删除链接和带链接的项目（如文本块或其他元素），则选择该项目，然后按 Delete 键。

2.7.2 添加封面

在使用 Word 2016 编辑文档的过程中，常常需要为文档插入一张漂亮的封面。Word 提供了一些封面效果，添加封面的操作方法如下：

步骤 1：打开 Word 2016 文档，单击"插入"选项卡，在"页面"组中单击"封面"按钮。

步骤 2：在"封面"列表中选择合适的封面样式，如图 2-97 所示，编辑封面内容即可。

2.7.3 邮件合并

Word 的"邮件合并"功能能够在任何需要大量制作模板化文档的场合使用。用户可以借助它批量处理信函、信封、标签、电子邮件。比如日常生活和工作中常见的工资条、通知书、邀请函、明信片、准考证、成绩单等。这种情况可以大致概括为需要处理的文件的主要内容一样，只是具体数据有变化。可以利用邮件合并功能来快速解决问题。完整使用"邮件合并"功能通常需要制作主文档、制作数据源和邮件合并 3 个步骤。

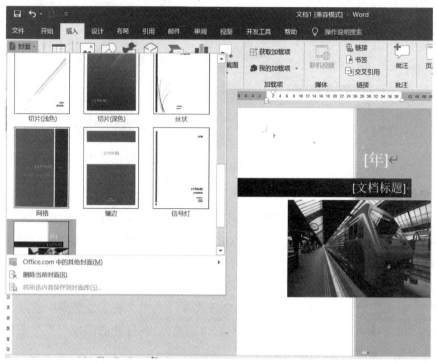

图 2-97 插入封面

"主文档"是经过特殊标记的 Word 文档，它是用于创建输出文档的"蓝图"。其中包含了基本的文本内容，这些文本内容在所有输出文档中都是相同的，比如信件的信头、主体及落款等。另外，还有一系列指令，称为合并域，用于插入在每个输出文档中都要发生变化的文本，比如收件人的姓名和地址等。

"数据源"实际上是一个数据列表，可以是 Excel 工作表、Word 表格，也可以是其他类型的数据库文件。包含了用户希望合并到输出文档的数据。通常它保存了姓名、通信地址、电子邮件地址、传真号码等数据字段。

"邮件合并的最终文档"包含了所有的输出结果。其中，有些文本内容来自主文档，在输出文档中都是相同的；有些来自数据源，会随着收件人的不同而发生变化。

1. 通过邮件合并功能实现荣誉证书批量打印

步骤1：新建一个文档，将荣誉证书的内容设计好，如图 2-98 所示。图中设计的荣誉证书比较简陋，大家可以给它添加背景及花纹。

步骤2：建立要颁发证书人的名单，以及其他获奖情况，即数据源，如图 2-99 所示。将建立的数据库另存为"获奖名单"。

步骤3：单击功能区中的"邮件"选项卡，单击"开始合并邮件"按钮，选择"普通 Word 文档"，激活"插入合并域"。

【注意】如果需要作为邮件发送，需要将收件人邮箱添加到数据源中。单击"选择收件人"，选择"使用现有列表"，然后打开数据源文件"获奖名单"，可以看到"编辑收件人列表"被激活。

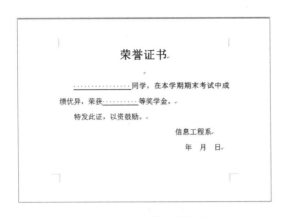

图 2-98　荣誉证书文档　　　　　图 2-99　数据源文档

步骤4：将光标移到要插入数据源中内容的地方，单击插入合并域，选择姓名。

步骤5：按照第4步操作完成其余项，插入的域两边都有《》，表示插入了域。

步骤6：单击"完成并合并"，选择"编辑单个文档"，选择"全部"，单击"确认"按钮，如图2-100所示。

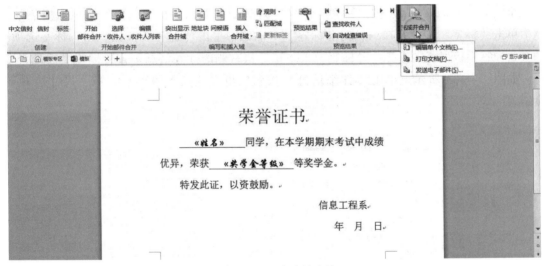

图 2-100　完成并合并

步骤7：确认之后，Word会将这些记录存放在一个新的文档中。由此，完成了数据的组合。

2. 从一张数据表中提取部分字段，制作小标签

如公司人力部门要给每个员工的档案袋上贴一个标签，上面要有姓名、工资、住址三个信息，用Word的邮件合并功能就可以快速完成。例如数据源工资表如图2-101所示。

	A	B	C	D	E	F	G
1	编号	员工姓名	基本工资	岗位工资	补贴	应发工资	寄送地址
2	1	张三	3200	1800	300	5300	万寿路甲888号
3	2	李四	2800	1600	300	4700	万寿路甲889号
4	3	王五	2900	1700	300	4900	万寿路甲890号
5	4	赵六	3100	1800	300	5200	万寿路甲891号
6	5	牛七	3000	1600	300	4900	万寿路甲892号
7	6	马八	2600	1000	300	3900	万寿路甲893号
8	7	人九	2400	900	300	3600	万寿路甲894号
9	8	朱十	2200	800	300	3300	万寿路甲895号
10							

Sheet1

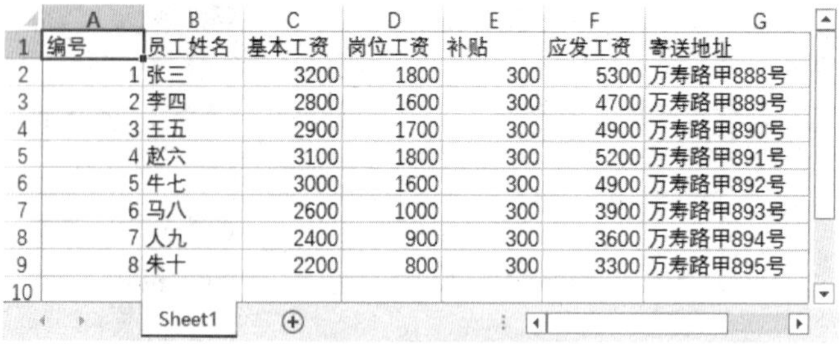

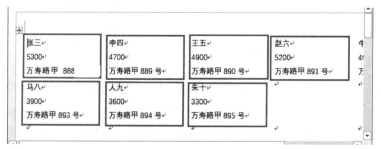

图 2－101　数据源文档

制作如图 2－102 所示的标签，制作方法如下：

图 2－102　标签

步骤 1：在 Word 中设计标签。打开一个 Word 空白版面，在“邮件”选项卡“创建”组中单击“标签”命令。在“信封和标签”对话框中单击“选项”按钮。在“标签选项”的页面标签模板列表中选择一种标签模板。注意从右侧的标签信息中查看标签尺寸是否合适，如图 2－103 所示。单击“详细信息”按钮，可以改变标签的行列数、尺寸边距等设定。

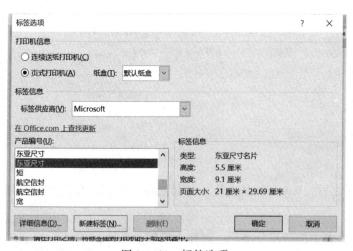

图 2－103　标签选项

步骤 2：选择标签的数据来源文件。在“邮件”选项卡“开始邮件合并”组中单击“选择收件人”，选择“使用现有列表”命令。在电脑中找到存放人员工资与地址的原始数据 Excel 文件，单击“打开”按钮打开该文件。

步骤 3：选择标签首行是否包含列标题。

步骤 4：在"编写和插入域"中选择"插入合并域"菜单，选择需要在标签中出现的"员工姓名""应发工资""寄送地址"3 个基本字段。

步骤 5：在"邮件"菜单下单击"更新标签"按钮，对所有标签进行更新。

步骤 6：单击"完成并合并"按钮，单击"编辑单个文档"命令，就可以预览生成的最终 Word 标签了。

2.7.4 窗体域的使用

窗体域类似于标准 Windows 对话框中的文本框、复选框和下拉列表框，是一种结构化的文档，其中留有可以输入信息的空间。制作供不同用户填写的表格时，使用窗体域非常有效，既方便了用户，加快了输入速度，又可以避免一些输入时的错误。在 Word 中创建窗体步骤如下：

步骤 1：单击"文件"选项卡，选择"选项"。在"Word 选项对话框"中选择"自定义功能区"，在"自定义功能区"下拉菜单中选择"主选项卡"，选择"开发工具"复选框，然后单击"确定"按钮，如图 2 – 104 所示。

步骤 2：打开作为窗体基础的模板或文档。

创建新的空白文档并将此文档另存为模板。在"文件"菜单下单击"另存为"，在"另存为"对话框中，在"保存类型"下选择菜单中的"Word 模板"，键入新模板的文件名称，然后单击"保存"按钮。

图 2 – 104 添加开发工具

步骤 3：向窗体添加内容。

在"开发工具"选项卡的"控件"组中单击"设计模式"，然后插入所需的内容，如图 2 – 105 所示。

1. 插入文本控件

在 Word 文档中设计一个表单时，需要提供一个输入文本的输入框，这时可以通过插入一个文本控件来实现。在"开发工具"选项卡的"控件"组中单击"格式文本内容控件 Aa"或"纯文本内容控件 Aa"。在光标位置显示出文本控件，选中文本内容控件，直接输入文本即可。

图 2 – 105 控件

2. 插入组合框或下拉列表

在组合框中，用户可以从提供的选项列表中进行选择，也可以键入他们自己的信息；在下拉列表中，用户只能从选项列表中进行选择，不能键入信息。

在"开发工具"选项卡的"控件"组中单击"组合框内容控件"或"下拉列表内容

控件" ，然后在"开发工具"选项卡的"控件"组中单击"属性"。

若要创建选项列表，可在"下拉列表属性"下单击"添加"按钮。在"显示名称"框中输入一个选项，如"是""否"或"可能"。重复此步骤，直到下拉列表中列出所有选项。若选择"无法编辑内容"复选框，则用户将无法单击选项。

3. 插入复选框

将光标定位至插入复选框控件的位置，在"开发工具"选项卡的"控件"组中单击"复选框内容控件"即可，如图 2-106 所示。可插入的控件还有图片控件、构建基块控件、日期选取器等。

图 2-106 复选框

设置或更改内容控件属性的方法是：在"开发工具"选项卡的"控件"组中单击"属性"并更改所需的属性。

保护窗体意味着用户可以填写受保护的窗体，但无法更改控件或控件属性。在"工具"菜单上单击"保护文档"，任务窗格在程序的右侧打开。在任务窗格中，单击"仅允许在文档中进行此类编辑"复选框。选择了编辑限制后，可以通过单击选项"是，启动强制保护"来强制文档保护。在对话框中，指定一个密码以开始保护。

任何时候如果要停止保护文档，则在"工具"菜单上单击"取消文档保护"，然后输入密码。

2.7.5 宏的使用

宏命令：即通过特殊的控制语将一系列动作简便化、集成化；当需要用 Word 2016 做一个重复性很强的工作时，就可以将它录制成一个宏，既方便，又高效。

微课 2-13
宏的使用

练习 24：录制宏，使得插入的文字内容为"售完"，字体大小为 12 磅，之后停止录制。指定使用的快捷键 **Ctrl + 7** 执行此宏命令。

操作步骤为：

步骤 1：新建一个 Word 文档，在"视图"选项卡"宏"组中单击"宏"，选择"录制宏"，在"宏名"输入框中输入宏的名称。在"将宏保存在"下拉列表中选择"所有文档"，即所有文档有效，如图 2-107 所示。选择当前文档名，即宏命令仅在当前文档有效。单击"键盘"，在"请按新快捷键"输入框中定位光标，按下 Ctrl + 7 组合键，然后单击"确定"按钮。

步骤 2：此时，鼠标下面就会出现磁带形状。在文档中输入"售完"，修改字号为 2 磅。

步骤 3：在"视图"选项卡中单击"宏"，选择"停止录制"。

在编辑文档时，按快捷键 Ctrl + 7 即可实现宏的运行。在"视图"选项卡中单击"宏"，选择"查看宏"，在"宏"对话框中可查看定义过的宏。选中某一宏名，单击右侧的按钮可以对当前宏进行运行、编辑或删除操作。

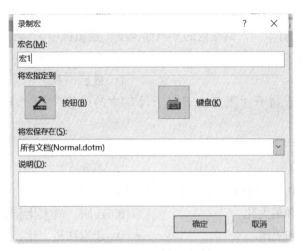

图 2-107　录制宏对话框

本章小结

通过本章的学习，学生应熟悉 Word 2016 的视图方式及窗口操作；掌握 Word 2016 的文档管理和编辑方法；能使用 Word 2016 编辑美化文档，并对文档进行格式化处理，会插入艺术字、图片、文本框等，并能对其相关属性进行设置，会插入页码、页眉/页脚，并能够进行相关的页面设置；熟悉 Word 表格的组成，掌握 Word 表格的创建、编辑方法和排版技巧。通过对复杂文档的制作，培养学生的创新意识和创新能力，提高学生的审美能力和想象力。

同步测试

1. 在 Word 2016 中，不缩进段落的第一行，而缩进其余的行，是指（　　）。
A. 首行缩进　　　　B. 左缩进　　　　C. 悬挂缩进　　　　D. 右缩进

2. 在 Word 2016 的编辑状态，选择了文档全文，若在"段落"对话框中设置行距为 20 磅的格式，应当选择"行距"列表框中的（　　）。
A. 单倍行距　　　　B. 1.5 倍行距　　　　C. 固定值　　　　D. 多倍行距

3. 在 Word 2016 中，选择某段文本，双击格式刷进行格式应用时，格式刷可以使用的次数是（　　）。
A. 1　　　　B. 2　　　　C. 有限次　　　　D. 无限次

4. 若要设定打印纸张大小，在 Word 2016 中可在（　　）进行。
A. "开始"选项卡的"段落"对话框中
B. "开始"选项卡的"字体"对话框中
C. "页面布局"选项卡的"页面设置"对话框中
D. 以上说法都不正确

5. 在 Word 2016 中，打印页码 5-7，9，10 表示打印的页码是（　　）。
A. 第 5、7、9、10 页　　　　B. 第 5、6、7、9、10 页

C. 第 5、6、7、8、9、10 页　　　　　　　　D. 以上说法都不对

6. Word 2016 的"打印"对话框内的"页面范围"逻辑区中,"当前页"是指(　　)。

   A. 光标所在的页　　　　　　　　　　　B. 窗口显示的页

   C. 第一页　　　　　　　　　　　　　　D. 最后一页

7. 将插入点定位于句子"飞流直下三千尺"中的"直"与"下"之间,按一下 Del 键,则该句子(　　)。

   A. 变为"飞流下三千尺"　　　　　　　B. 变为"飞流直三千尺"

   C. 整句被删除　　　　　　　　　　　　D. 不变

8. 在 Word 2016 中,主窗口的右上角可以同时显示的按钮是(　　)。

   A. 最小化、还原和最大化　　　　　　　B. 还原、最大化和关闭

   C. 最小化、还原和关闭　　　　　　　　D. 还原和最大化

9. 新建 Word 文档的快捷键是(　　)。

   A. Ctrl + N　　　B. Ctrl + O　　　C. Ctrl + C　　　D. Ctrl + S

10. 在 Word 2016 中,删除插入点前的字符所使用的命令键是(　　)。

    A. Delete　　　　　　　　　　　　　　B. Backspace

    C. Ctrl + Delete　　　　　　　　　　D. Ctrl + Backspace

11. 在 Word 2016 中,删除插入点后的字符所使用的命令键是(　　)。

    A. Delete　　　　　　　　　　　　　　B. Backspace

    C. Ctrl + Delete　　　　　　　　　　D. Ctrl + Backspace

12. 在 Word 2016 的表格编辑状态中,若选定整个表格后按下 Delete 键,则(　　)。

    A. 删除了整表　　　　　　　　　　　　B. 仅删除了表格中的内容

    C. 没有变化　　　　　　　　　　　　　D. 将表格转换成文字

13. 在 Word 2016 中,用智能 ABC 输入法编辑 Word 2016 文档时,如果需要进行中英文切换,可以使用的键是(　　)。

    A. Shift + 空格　　　　　　　　　　　B. Ctrl + Alt

    C. Ctrl + .　　　　　　　　　　　　　D. Ctrl + 空格（或 Ctrl + Space）

14. 在 Word 2016 编辑状态中,使插入点快速移动到文档尾的操作是(　　)。

    A. Home　　　　　　　　　　　　　　　B. Ctrl + End

    C. Alt + End　　　　　　　　　　　　D. Ctrl + Home

15. 在 Word 2016 中,将整篇文档的内容全部选中,可以使用的快捷键是(　　)。

    A. Ctrl + X　　　　　　　　　　　　　B. Ctrl + C

    C. Ctrl + V　　　　　　　　　　　　　D. Ctrl + A

16. 在 Word 2016 窗口中,如果双击某行文字左端的空白处（此时鼠标指针将变为空心头状）,可选择(　　)。

    A. 一行　　　　　B. 多行　　　　　C. 一段　　　　　D. 一页

17. 不选择文本,设置 Word 2016 字体,则(　　)。

    A. 不对任何文本起作用　　　　　　　B. 对全部文本起作用

C. 对当前文本起作用 　　　　　　　　D. 对插入点后新输入的文本起作用

18. 在 Word 2016 中，欲选定文本中不连续两个文字区域，应在拖曳（拖动）鼠标前，按住不放的键是（　　）。

　　A. Ctrl 　　　　　　B. Alt 　　　　　　C. Shift 　　　　　　D. 空格

19. Word 2016 中，选中段落已设置了纯色的底纹。请正确排列以下动作顺序，去掉选中段落的底纹。（　　）

　　A. 在下拉菜单中选择"边框和底纹"命令，打开"边框和底纹"对话框

　　B. 在"填充"下拉框中选择"无颜色"，并单击"确定"按钮

　　C. 单击"底纹"标签

　　D. 在"开始"选项卡"段落"组中单击"边框"按钮 右侧的下拉箭头

第 3 章
Excel 2016 电子表格

情境引入

时间一天天地流逝，通过不懈的努力，小张已经能够胜任自己的工作了。与此同时，随着能力的增长，她设计的办公文档也越来越专业，越来越复杂。午休的时候，销售部的副经理找到了小张，问她能不能帮他做一个用于统计销售业绩的表格，并告诉小张，为了方便数据信息的统计，要使用 Excel 来制作。这下小张犯难了，Excel 对她来说完全是陌生的事物，看来又得找老李想想办法了。老李听了小张的解释后，对她说："Excel 和 Word 都是 Office 软件中的组件，在操作上有许多共性，你现在具备了 Word 的基础，要学习 Excel 就很容易了。不过为了打好基础，咱们还得从最基础的开始学起。"

本章学习目标

能力目标：
- 培养学生利用 Office 系列软件进行无纸化办公的能力；
- 培养学生数据获取、加工、建模的能力；
- 培养学生分析问题、解决问题的能力；
- 培养学生自主、开放的学习能力。

知识目标：
- 了解 Excel 2016 的基本知识、主要功能及应用；
- 掌握常用的数据输入的基本方法；
- 掌握公式及函数的使用方法；
- 掌握 Excel 创建及编辑方法；
- 掌握文档的保存及共享方法。

素质目标：
- 爱惜电脑，尊重他人劳动成果；
- 热心帮助他人解决操作上的困难；
- 培养学生质量意识、安全意识；
- 培养学生爱岗敬业、勇于创新的能力。

3.1 Excel 的基本术语

1. 工作簿

Excel 默认存储文档,扩展名为".xlsx"(老版本为".xls"),是 Excel 进行数据录入、加工、存储的文件。启动 Excel 2016 中文版时,系统将自动创建一个工作簿文件,该文件的默认名称为"工作簿 1.xlsx"。

2. 工作表

显示在工作簿中的表格。一个工作簿可包含一个或多个工作表,默认工作表为"Sheet1"。每个工作表由工作表名称、单元格、行标和列标构成。其中,行标用阿拉伯数字表示,范围为 1~1 048 576;列标用英文字母表示,开始是 A~Z,然后是 AA~AZ、BA~BZ 等,最后是 XFD。工作簿窗口底部的工作表标签上显示该工作表名称。单击相应的工作表标签,可在不同工作表之间进行切换。一个工作簿最多有 255 张工作表。如图 3-1 所示。

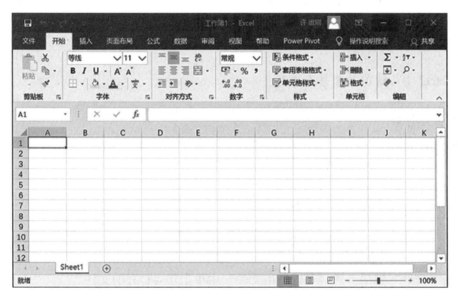

图 3-1　Excel 工作簿与工作表

3. 单元格

工作表中行和列的交汇处称为单元格,是组成工作表的基本单位。所有的数据都存储在特定单元格中。

4. 单元格地址

每个单元格都有其固定的地址,单元格用列标和行号表示,称为单元格地址,如 A6 就代表了第 A 列与第 6 行相交处的那个单元格。

5. 活动单元格

工作表中处于激活状态的单元格，显示为绿色突出边框线的单元格。

3.2 Excel 工作簿的基本操作

Excel 工作簿的基本操作包括工作簿的创建、工作簿的打开、工作簿的关闭、工作簿的切换、工作簿的保存。

3.2.1 Excel 工作簿的创建

启动 Excel 时，一个新的工作簿即被创建。在默认状态下，每次创建一个新的工作簿，Excel 文件名即按顺序记为"工作簿#.xlsx"，"#"表示新工作簿的编号，默认从 1 开始编号。若退出 Excel，随后再开启，则 Excel 文件又从 1 开始编号。

利用下列方法之一，可以创建一个新工作簿：
- 选择"文件"选项卡"新建"命令。
- 在"快速访问"工具栏中单击"新建"按钮 。
- 按 Ctrl+N 组合键。

3.2.2 Excel 工作簿的其他基本操作

1. 打开工作簿

使用先前创建的工作簿，必须先打开它。可以同时打开多个工作簿，通过标题栏上的工作簿名称可以确认正在使用的工作簿。

使用下列方法之一可以打开工作簿：
- 选择"文件"选项卡"打开"命令。
- 在"快速访问"工具栏中单击"打开"按钮 。
- 按 Ctrl+O 组合键。
- 在"文件"选项卡的"最近所用文件"中单击需要打开的文件。
- 从"电脑"或者资源管理器中通过双击直接打开文件，文件类型是 Excel。

如果不能打开，可以进行以下操作：
- 通过重新命名文件改变文件类型（这种方法不是总能使用，这依赖于使用哪一个程序创建的这个文件）。
- 利用原始程序打开文件，用 Excel 能够识别的格式另存文件。
- 转换为 Excel 能够识别的文件格式。当用 Excel 打开该文件时，如果 Excel 显示一个对话框提示同样的内容，表示这种方法是可用的。
- 当系统出现错误时，Excel 会尽力恢复所有文件。如果恢复成功，则在 Excel 窗口的左侧窗格中会出现恢复窗格，可以在其中选择适当的文件。如果没有看到恢复窗格，则表明文件在系统重新启动期间未被保存和恢复，此时需要重新创建一个文件（如有可能，可以使用备份）。

2. 关闭工作簿

若不需要使用当前工作簿，可将其关闭。在关闭工作簿之前，应保证修改的内容已保存在工作簿中，以免数据丢失。

要关闭工作簿，可以使用下列方法之一：

- 选择"文件"选项卡下的"关闭"命令。
- 在窗口右端单击"关闭窗口"按钮 。
- 按 Ctrl + W 组合键或者 Ctrl + F4 组合键。

3. 切换工作簿

打开几个工作簿文件，就会产生几个窗口。在各个窗口之间进行切换，可以使用下列方法之一：

- 选择"视图"选项卡"窗口"组中的"切换窗口"下拉按钮。
- 单击任务栏上相应的窗口按钮。

4. 保存工作簿

为了保证编辑的数据不丢失，应该养成及时保存的好习惯。通常，可以通过以下3种命令完成对文件的保存：

- 单击"文件"选项卡"保存"或"另存为"选项。
- 单击"快速访问"工具栏中的"保存"按钮 。
- 按 Ctrl + S 组合键。

若工作簿为首次保存，系统会弹出"另存为"对话框，可以设置保存位置、文件名及文件类型。若为再次保存，只会更新原文件内容。

（1）保存位置

基于对实用性、安全性等因素的考虑，可以将文件保存到本地磁盘、云端空间等位置，如图3-2所示。

（2）文件名

根据操作系统文件命名规则，文件名长度不能超过255个（半角）字符。同时，文件名不能包含斜线（/）、反斜线（\）、大于号（>）、小于号（<）、星号（*）、问号（?）、引号（"）、管道符（|）和冒号（:）等字符（均为英文状态）。

（3）文件类型

Excel 2016 默认保存文件扩展名为".xlsx"，可以按需要保存为其他类型文件，方法是在"保存类型"下拉列表框中选择适当的文件类型，如图3-3所示。

图 3-2 保存位置

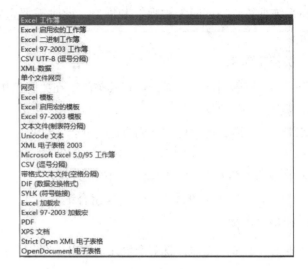

图 3-3 保存类型

3.3 工作表的创建和编辑

3.3.1 Excel 工作表的创建

1. 工作表的基本操作

新建工作簿时，Excel 2016 会默认创建一个工作表"Sheet1"。根据需要，可以添加、删除工作表，并可以对其进行重命名、复制、移动等操作。

（1）添加工作表

● 在工作表标签上右击，在弹出的快捷菜单中单击"插入"，在常用选项卡中选择"工作表"。

● 单击工作表标签后的 ⊕ 按钮。

（2）删除工作表

在要删除的工作表标签上右击，选择快捷菜单中的"删除"命令。

（3）重命名工作表

● 双击工作表标签，当工作表名被选中时，输入新工作表名。

● 右击工作表标签，选择快捷菜单中的"重命名"命令，输入新工作表名。

（4）移动/复制工作表

通过移动工作表，可以改变工作表的排列顺序或将当前工作表移动到其他工作簿中，也可以将工作表复制到新的位置或其他工作簿中。

● 单击工作表标签选中工作表，拖动工作表到合适的位置。

● 右击工作表标签，在快捷菜单中选择"移动或复制"命令。若选中"建立副本"，则为复制工作表，否则为移动工作表。复制工作表如图 3-4 所示。

2. 选定单元格和单元格区域

在对工作表进行编辑前，必须先选定特定的单元格或区域。选定的单元格或区域称为编辑区。编辑区可以是一个或多个单元格，甚至是整个电子表格。这些单元格保持被选中的状态，直到单击另一个单元格或按一个方向键。编辑区以正常颜色相反的颜色显示。下面为选择编辑区的方法。

图 3-4　复制工作表

① 一个单元格：单击单元格。

② 连续多个单元格：单击单元格，然后拖动到期望范围的尾部。也可以单击第一个单元格，然后按住 Shift 键再单击期望范围的尾部。

③ 一整行：将鼠标指针移动到待选行的行标上，当鼠标指针变成"→"时，单击行标。

④ 一整列：将鼠标指针移动到待选列的列标上，当鼠标指针变成"↓"时，单击列标。

⑤ 多行：单击某一行，然后在该行行标上向上或向下拖动鼠标。

⑥ 多列：单击某一列，然后在该列列标上向左或向右拖动鼠标，如图 3-5 所示。

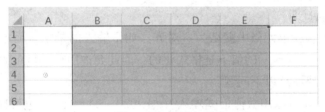

图 3-5　选择多列

⑦ 不相邻的单元格、行或列：单击单元格、行或列，然后按住 Ctrl 键再逐个单击下一个单元格、行或列。

⑧ 选中某列中有数据的区域：先选中该列第一个有数据单元格，按 Ctrl + Shift + ↓ 组合键。

⑨ 整个电子表：单击工作表左上角的 ◢ 按钮。

3. 输入数据

（1）在单元格中输入数据

- 单击要输入数据的单元格，然后直接输入数据。
- 双击要输入数据的单元格，单元格内出现插入光标，此时可以输入数据。
- 单击要输入数据的单元格，然后单击编辑栏的数据编辑框，此时可在数据编辑框中输入数据。

（2）输入文本或标签

要输入文本信息，可单击相应的单元格然后输入，可用 Backspace 键或者 Delete 键删除错误的信息。输入完成后，按 Enter 键自动移动到下面的单元格。也可以单击另一个单元格或者按任意方向键来确定需要输入信息的单元格的位置。

在录入工作表数据前，一般要先定义并输入一个用于识别某一行或列的标题。例如，图3-6所示的报表标题显示一年四个季度的收益情况，各列标题下面的每行显示一个季度的收入金额。

	A	B	C	D	E	F
1	ABC公司					
2		第一季度	第二季度	第三季度	第四季度	总计
3	第一区	250,000	275,000	280,000	310,000	1,115,000
4	第二区	125,000	127,000	122,000	126,000	500,000
5	第三区	95,000	100,000	102,000	105,000	402,000
6	总计	470,000	502,000	504,000	541,000	2,017,000

图3-6　收益情况

当输入信息时，要考虑以下因素：
- 可以直接在活动单元格中输入或编辑数据，也可以在公式栏中输入或编辑较长数据。
- 输入文本的最大长度是32 767个字符，但在一个单元格中最多只有1 024个字符能够显示出来。
- 如果一个文本内容比单元格宽，那么只要邻近单元格为空，它就会超出列边界，显示在邻近单元格中。
- 可以很容易地改变任意单元的内容的排列和显示方式。
- 公式的最大长度限定在1 024个字符。

（3）输入数字或日期

数字是连续的值，在单元格中默认为右对齐。如果输入的是字符而不是数字，则Excel会按文本形式输入。Excel显示的值不是格式化的，因此允许用户对显示的内容进行格式化。

在输入日期时，要注意以下问题：
- 当输入日期时，可以用数值形式输入（如2020-04-05），也可以按文本形式（如04月05日2020年）输入。
- 日期的默认格式是"mm-dd-yy"，该格式可以在"控制面板"中通过时区设置改变。
- 日期值不必是完整的日、月和年，可以只用月和日（格式是"mm-dd"），或者只用月和年（格式为"mm-yy"）表示。

在输入日期时，Excel会尽力按输入进行解释，以下是可以接受的日期值形式：

September 13, 2002（包括逗号和其后面的一个空格）

Sep 13, 02

13-Sep-02

09/13/02（月、日、年顺序）

9-13-02

Sep 2002

Sep 13

【注意】如果Excel不能解释日期值，那么该日期将按文本显示。

练习1：工作表的基本操作。

通过前面的学习，按照要求完成如下练习，巩固所学的知识。

①创建一个新工作簿，然后输入如图3-7所示信息。

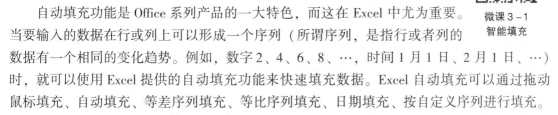

图3-7　输入练习

②完成数据输入后，另存为"学生成绩表.xlsx"。

【注意】若输入的分数相同，可以使用复制/粘贴命令输入。

3.3.2　数据填充

自动填充功能是Office系列产品的一大特色，而这在Excel中尤为重要。当要输入的数据在行或列上可以形成一个序列（所谓序列，是指行或者列的数据有一个相同的变化趋势。例如，数字2、4、6、8、…，时间1月1日、2月1日、…）时，就可以使用Excel提供的自动填充功能来快速填充数据。Excel自动填充可以通过拖动鼠标填充、自动填充、等差序列填充、等比序列填充、日期填充、按自定义序列进行填充。

微课3-1
智能填充

1. 拖动鼠标自动填充

对于大多数序列，都可以使用自动填充功能进行操作，在Excel中便是使用"填充柄"来自动填充。所谓填充柄，是位于当前活动单元格右下方的黑色方块。将鼠标指针移到单元格右下角的智能填充柄上，鼠标指针将变成黑色实心十字状。

例如，在"学生成绩表"中，序号和每个学生的学号是连续的，可以通过智能填充方式输入"序号"和"学号"列中的数据，操作步骤如下：

选中A3单元格，将鼠标指针移到单元格右下角的智能填充柄上，当鼠标指针变成黑色实心十字状时，拖动鼠标至A12单元格后释放，从A3到A12（A3:A12）单元格区域便自动填充了成绩表的"序号"。此时，在A12单元格右下角出现了"自动填充"选项按钮，如图3-8所示。单击"自动填充"选项按钮，选择"填充序列"，完成"序号"的自动填充。按此操作方法，完成"学号"的自动填充，如图3-9所示。

图3-8　智能填充序号　　　　图3-9　智能填充学号

在进行智能填充的过程中，可以选择如下 4 种填充模式：
- 复制单元格：A3:A12 单元格区域的值均与 A3 单元格的相同。
- 填充序列：自动形成加 1 序列。
- 仅填充格式：A3:A12 单元格区域的格式与 A3 单元格区域的格式相同，无具体内容。
- 不带格式填充：去掉 A3 单元格格式填充，仅有序列内容。

2. 步长填充

如果需要填充的单元格达数千个，拖动鼠标则很麻烦，此时可使用步长填充等差序列、等比序列和日期序列。

单击"开始"选项卡"编辑"组中"填充"子菜单的"序列"，打开"序列"对话框，如图 3-10 所示。在"序列产生在"区域中选择"列"，在"类型"列表中选择"等差序列"，可以设定步长值为"1"，终止值为"1000"，则表格中按等差序列从 1 进行填充至 1 000。

3. 日期填充

在"序列"对话框中，在"类型"列表中选择"日期"，日期单位可选择"日""月""年""工作日"。

图 3-10 步长填充

4. 自定义填充序列

若输入的序列比较特殊，则可以先进行定义，再像内置序列那样使用。自定义序列的方法如下所述：

选择"文件"选项卡中的"选项"命令，单击"Excel 选项"对话框中的"高级"命令，再单击"常规"下的"编辑自定义列表"命令按钮，打开"自定义序列"对话框，如图 3-11 所示。在"输入序列"文本框中输入自定义序列的全部内容，每输入一条，按一次 Enter 键，完成后单击"添加"按钮。整个序列输入完毕后，单击对话框中的"确定"按钮。

【知识拓展】使用导入的方法：先在单元格区域中输入要定义的序列的数据并选中这个区域，打开"自定义序列"对话框，单击"导入"按钮。此后，只要输入自定义序列中的前两三项，就可以按前面介绍的方法将其输入。

练习 2：使用自动填充。

自动填充功能允许 Excel 自动基于原始内容填充数据。该功能在一个单独的单元格或者多个单元格范围内的数据有特殊的模式或趋势存在时使用。

通过下面的练习将更好地掌握自动填充数据的方法和操作。

① 打开"学生成绩表.xlsx"工作簿。

② 单击选中 A3 单元格。

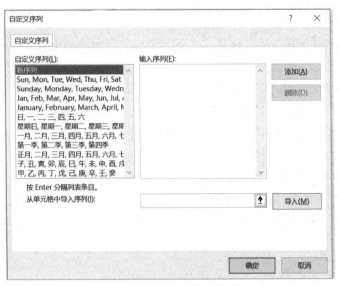

图 3－11　自定义填充序列

③移动鼠标指针到该单元格的右下角，直到看到自动填充符号，如图 3－12 所示。

④拖动到 A12 单元格，如图 3－13 所示。

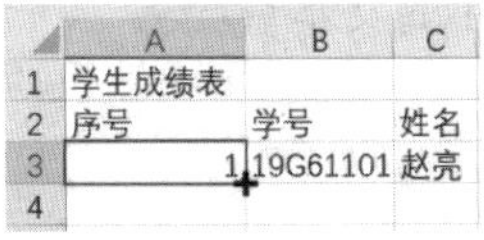

	A	B	C
1	学生成绩表		
2	序号	学号	姓名
3	1	19G61101	赵亮
4			

图 3－12　自动填充符号

	A	B	C	D	E	F	G	H
1	学生成绩表							
2	序号	学号	姓名	高等数学	大学语文	思想政治	C语言程序设计	计算机网络
3	1	19G61101	赵亮	92	96	98	89	90
4	1							
5	1							
6	1							
7	1							
8	1							
9	1							
10	1							
11	1							
12	1							
13								

图 3－13　自动填充结果

⑤在 A12 单元格右下角出现“自动填充”选项铵钮，可按需要选择不同类型的填充方式，如图 3－14 所示。选择第二种填充类型“填充序列”，完成“序号”的自动加 1 的填充。

⑥选择 B3 单元格，按以上操作完成“学号”的填充，如图 3－15 所示。

⑦保存工作簿。

图 3－14　填充方式

	A	B	C	D	E	F	G	H
1	学生成绩表							
2	序号	学号	姓名	高等数学	大学语文	思想政治	C语言程序设计	计算机网络
3	1	19G61101	赵亮	92	96	98	89	90
4	2	19G61102						
5	3	19G61103						
6	4	19G61104						
7	5	19G61105						
8	6	19G61106						
9	7	19G61107						
10	8	19G61108						
11	9	19G61109						
12	10	19G61110						

图 3－15　填充结果

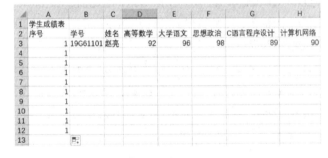

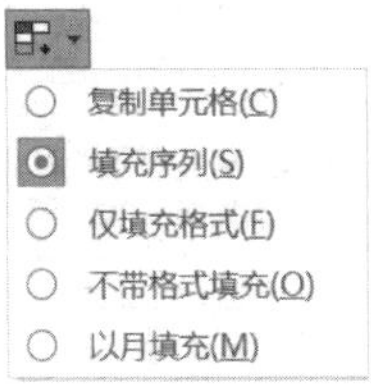

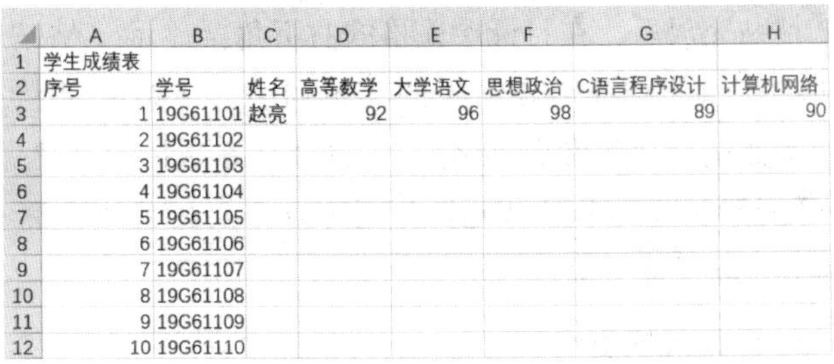

5. 相同内容填充

● 选中要重复填充的文本，按住 Ctrl 键，鼠标置于填充柄上并下拉至需要的位置，松开 Ctrl 键，实现重复填充。

● 假如需要填充的单元格数量很多，用鼠标拖拽填充也是比较累的。可以直接在第一行输入一个序列值，然后双击单元格右下角的填充柄，Excel 会根据前一列的长度来自动完成相同单元格数的填充。双击填充柄实现自动填充是一种更为快速的方法。要填充的序列的单元格区域越大，如超过一屏的大区域，则越能体现它的优越性。

【注意】使用双击填充柄填充方式时，当选择区域的下方单元格无内容时，Excel 会根据选择区域左边列的内容，自动填充到下一个有内容的行，或者与左边列的内容相同。当选择区域的下方单元格有内容时，Excel 会自动填充到选择区域中的内容边界。

3.3.3 编辑工作表

1. 修改单元格的内容

改变单元格中内容的最直接的方法是将其作为整体输入新内容，并按 Enter 键，使新输入的内容代替原有的内容。

①要更改输入的内容，在按 Enter 键之前，按 Backspace 或 Delete 键。

②要激活 Excel 编辑模式，可以按 F2 键或者双击单元格数据，Excel 会在需要改变内容的单元格中显示光标。

③选择单元格中的文本，输入替换的文本内容，然后按下 Enter 键退出编辑模式。

④按 Insert 键打开"改写"模式，用输入的内容代替已存在的文本。

⑤用 Delete 键删除单元格内容中不想要的字符。

2. 单元格的复制与粘贴

复制单元格的方法有多种，默认情况下，复制操作将复制整个单元格，包括其中的公式及其结果、批注和格式。

最常用的复制方法是：首先选中要复制的单元格，单击"快速访问"工具栏中的"复制"按钮，或者选择"开始"选项卡"剪贴板"组中的"复制"命令，然后选择目标位置，再单击"快速访问"工具栏中的"粘贴"按钮，或者选择"开始"选项卡"剪贴板"组中的"粘贴"命令。

粘贴完成后，在目标单元格的右下角会显示"粘贴选项"，单击该按钮将显示如图 3-16 所示的菜单列表，在菜单列表中选择所需要的操作，例如选择"值和数字格式"。图 3-16 选择的是"保留源格式"选项。

【提示】复制和粘贴的操作也可以分别使用快捷键 Ctrl + C 和 Ctrl + V 及右键快捷菜单实现。

3. 撤销与恢复

Excel 提供了撤销功能，允许用户在电子表格中执行撤销命令。要撤

图 3-16 保留源格式选项

销执行的最后一个操作,可以使用下列方法之一:
- 单击"快速访问"工具栏中的"撤销"按钮 。
- 按 Ctrl + Z 组合键。

Excel 最多能撤销最近执行的 16 个操作。单击"撤销"按钮的下三角按钮,操作列表会显示出来。

如果需要恢复一个操作,可以使用恢复命令。恢复功能只有当一个或多个"撤销"命令被执行时才能使用。

要恢复最后执行的操作,可以使用下列方法之一:
- 单击"快速访问"工具栏中"恢复"按钮 。
- 按 Ctrl + Y 组合键。

恢复功能可以恢复最新执行的 16 个操作历史。要显示这些操作,可以单击"恢复"按钮的下三角按钮。

4. 行与列的操作

(1) 选择整行和整列

选择整行的方法是:把鼠标移动到要选择的行的行号上,待鼠标箭头变为➡形后,单击就可以选择整行。

选择整列的方法是:把鼠标移动到要选择的列的列标上,待鼠标箭头变为⬇形后,单击就可以选择整列。

(2) 插入行或列

编辑工作表时,经常需要向表中添加新的记录,这就需要在相应的位置插入行或列。

插入行的操作方法:首先单击行号,比如第 6 行,确认插入行的位置。然后选择"开始"选项卡"单元格"组中的"插入"下拉按钮,选择"插入工作表行"命令,即可在第 5 行和第 6 行之间插入新的一行。

插入列的操作方法:首先确认插入列的位置,然后选择"插入工作表列"命令即可。

(3) 删除行或列

删除工作表中的某列或某行的方法:右键单击选定区域,在弹出的快捷菜单中选择"删除"命令,或在"开始"选项卡"单元格"组中选择"删除"命令。也可以只删除一个单元格,或通过一个单元格来选择删除整行或整列。

操作方法:首先选定要删除行或列中的任意一个单元格,然后右键单击选定区域,在弹出的快捷菜单中选择"删除"命令,将显示"删除"对话框,从中可以选择删除选定单元格所在的行或列,也可以选择只删除选定的单元格。

(4) 行和列的隐藏

为了美观,有时会将工作表中部分过渡的数据隐藏起来,即将相应的行或列隐藏起来。

操作方法:首先选中要隐藏的列,在该列的列标处单击鼠标右键,然后在弹出的快捷菜单中选择"隐藏"命令,即把相应的列隐藏起来。隐藏行的方法与此类似,仅需在选定行的行号处单击右键。

或者，首先选中要隐藏的列，在"开始"选项卡"单元格"组中单击"格式"下拉按钮，在打开的菜单中选择"隐藏和取消隐藏"子菜单中的命令来隐藏和取消隐藏。

若要取消行或列的隐藏状态，首先将鼠标移到被隐藏列的列标右侧（或被隐藏行的行标下方），使鼠标指针变为 ✥（或 ✥）形状。然后按住鼠标左键向下（或向右）拖动，在到达所需行高（或列宽）时松开鼠标，即可将被隐藏的行（或列）重新显示在工作表中。

5. 移动行或列数据

若要将工作表中行或列的数据调换位置，可以通过"剪切"和"插入剪切的单元格"命令来实现。如在"学生成绩表"中，把"姓名"列数据移至"学号"列数据之前，需要进行如下操作：

①单击选中"姓名"所在列，单击鼠标右键，在弹出的快捷菜单中选择"剪切"命令，如图 3 – 17 所示。

②单击选中"学号"所在列，单击鼠标右键，选择"插入剪切的单元格"命令，如图 3 – 18 所示。

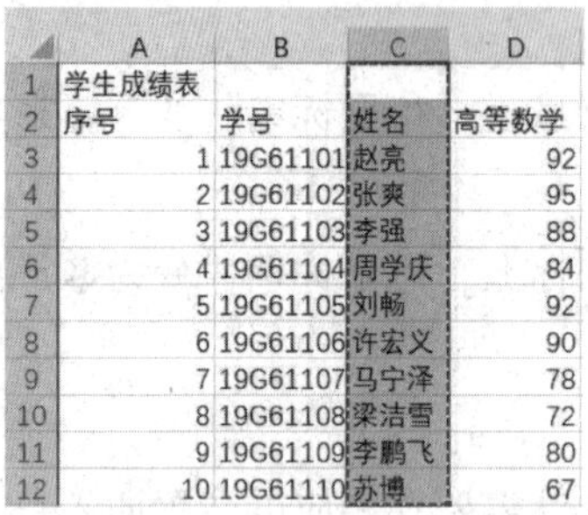

图 3 – 17　移动前的数据　　　　图 3 – 18　插入剪切的单元格

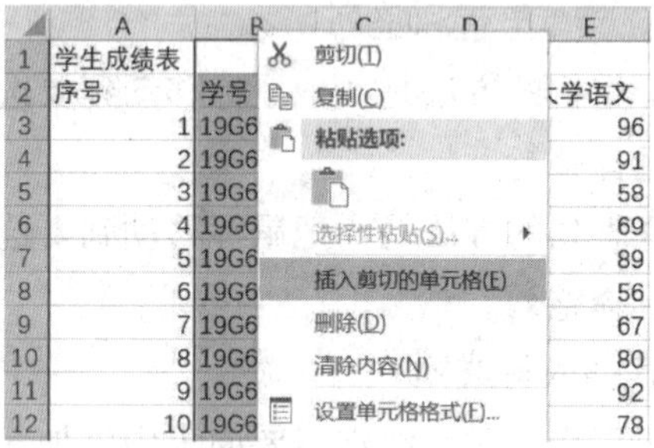

③B 列和 C 列移动完成，如图 3 – 19 所示。

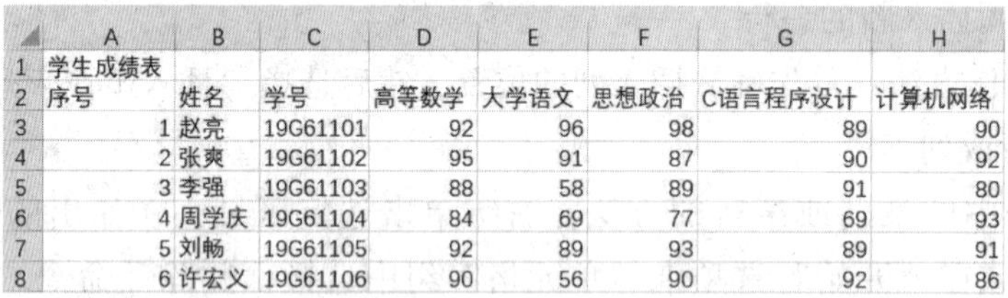

图 3 – 19　移动后的工作表

6. 格式刷的使用

利用"粘贴选项"按钮可以复制单元格中的格式，其缺点是不能将格式应用在一个已经包含内容的单元格中，而使用格式刷则可以完成快速格式化。操作方法：首先选定包含要复制格式的单元格，单击"开始"选项卡"剪贴板"组中的"格式刷"按钮 ✦。然后移动鼠标到工作区，此时鼠标指针变为 ✦✦ 状。再按下鼠标左键拖出一个矩形区域，则格式被复制到所选区域的单元格中，此时鼠标指针恢复为正常状态。

【提示】若想连续多次使用，则需双击"格式刷"按钮 ✦。按 Esc 键或再次单击格式刷，可取消使用格式刷状态。

练习3：插入、删除行。

通过下面的练习将更好地掌握在工作表中插入行或列、删除行或列的操作方法。

①打开"学生成绩表.xlsx"工作簿，选择工作表 Sheet3。

②单击选择 G 列任意单元格。

③选择"开始"选项卡"单元格"组中的"插入"下拉按钮，选择"插入工作表列"命令，如图 3–20 所示。

图 3–20　插入一列

④选择第 8 行和第 9 行。

⑤选择"开始"选项卡"单元格"组中的"插入"下拉按钮，选择"插入工作表行"命令。即在原工作表的第 8 行上方插入了两个空白行，如图 3–21 所示。

⑥输入图 3–21 所示的值。

图 3–21　输入行

【**注意**】也可以使用自动填充功能复制新输入的值到第 8 行和第 9 行，从而代替直接输入。

⑦保存工作簿。

3.3.4　Excel 工作表的格式设置

为了使所绘制表格更加美观和满足用户的需求，需要对工作表进行格式化，即利用 Excel 的格式化功能改进工作表的显示格式，包括字体、字号和颜色，以及数字的显示方式、数据的对齐方式和添加表格边框等。

1. 设置字体、字号及颜色

（1）使用选项卡中的命令按钮设置字体

单击"开始"选项卡，在"字体"组中可以设置"字体""字号""粗体""斜体""下划线""填充色"和"字体颜色"按钮，可将选定字符或单元格（区域）设置为所需的格式。

（2）使用对话框设置字体

在"字体"组中单击"对话框启动器"按钮，或右击，在弹出的快捷菜单中单击"设置单元格格式"命令,均可打开"设置单元格格式"对话框,单击"字体"标签,对选定字符或单元格/区域进行字体格式的设置。

练习4:格式化工作表中的文字。

按下面的操作步骤练习格式化工作表中的文字:

①打开"学生成绩表.xlsx"工作簿及工作表 Sheet3。

②单击单元格 A1。

③选择"开始"选项卡。

④在"字体"组中的"字体"列表框中选择字体"华文中宋",字形为"加粗",字号为"16"。

⑤选择单元格区域 A2:H2,并单击"字体"组中的"加粗"按钮 **B**,设置效果如图 3 – 22 所示。

⑥保存工作簿。

图 3 – 22 字体设置

2. 设置对齐方式

单元格对齐方式有水平对齐和垂直对齐。在默认情况下,水平方向:文字左对齐,数值和日期右对齐;垂直方向:文字和数值均靠下对齐。可以用下面的方法设置对齐方式。

(1) 使用选项卡中的命令按钮设置对齐方式

操作方法:先选定单元格或区域,单击"开始"选项卡"对齐方式"组中的"左对齐"按钮、"居中"按钮、"右对齐"按钮、"合并及居中"按钮,设置对齐方式。

【注意】"合并及居中"操作可以将选定区域合并为一个大单元格,将其左上角单元格的内容在选定区域中居中,选定区域中其他单元格的内容将不再保留。

(2) 使用对话框设置对齐方式

操作方法:在"对齐方式"组中单击"对齐设置"按钮,或右击,在弹出的快捷菜单中单击"设置单元格格式"命令,打开"设置单元格格式"对话框,单击"对齐"标签,进行对齐格式的设置。

【注意】在"文本对齐方式"区域,可设置文本在水平方向和垂直方向上的对齐格式;选中"自动换行"复选框,可使单元格内长度大于列宽的文字自动分行显示,如果要使单元格内的文字强制换行,可按 Alt + Enter 组合键;选择"缩小字体填充"复选框,按单元格的宽度自动缩小单元格的字符,以在单元格内显示全部字符;选择"合并单元格"复选框,将选定区域的单元格合并为一个单元格,只保留原区域中左上角单元格的内容。

练习 5：进一步格式化工作表。

创建工作表后，不但要计算准确，而且需要进一步格式化工作表中的内容，如合并单元格、设置文字的对齐方式等。按下面的操作步骤练习进一步格式化工作表：

①确认"学生成绩表"工作簿处于工作状态。

②选择单元格区域 A2:H2。

③在"开始"选项卡中单击"对齐方式"组中的 ≡ 按钮。

④选择单元格区域 A1:H1，然后在"对齐方式"组中单击 按钮，Excel 会合并所选单元格，并将单元格 A1 中的文本"学生成绩表"居中，如图 3-23 所示。

	A	B	C	D	E	F	G	H
1				学生成绩表				
2	序号	姓名	学号	高等数学	大学语文	思想政治	C语言程序设计	计算机网络
3	1	赵亮	19G61101	92	96	98	89	90
4	2	张爽	19G61102	95	91	87	90	92
5	3	李强	19G61103	88	58	89	91	80
6	4	周学庆	19G61104	84	69	77	69	93
7	5	刘畅	19G61105	92	89	93	89	91
8	6	许宏义	19G61106	90	56	90	92	86
9	7	马宁泽	19G61107	78	69	62	70	80
10	8	梁洁雪	19G61108	72	80	76	92	83
11	9	李鹏飞	19G61109	80	92	93	95	98
12	10	苏博	19G61110	67	79	87	73	88

图 3-23 格式化后的工作表

【注意】尽管已经将这些列合并为一个，但将单元格选中，并单击 按钮，即可将单元格重新拆分为原来的样子。

3. 设置数字格式

①使用"开始"选项卡"数字"组中的数字格式按钮。按钮的样式包括会计数字格式 、百分比样式 % 、千位分隔样式 , 、增加小数位数 、减少小数位数 共 5 个命令按钮。先选定数字所在的单元格或单元格区域，然后单击所需数字格式按钮。

②使用对话框中的命令。操作方法：单击"开始"对话框"数字"组中的"显示对话框"命令按钮，或右击，在弹出的快捷菜单中单击"设置单元格格式"命令，打开"设置单元格格式"对话框，单击"数字"标签，进行数字格式的设置，如图 3-24 所示。

图 3-24 "单元格格式"对话框

③使用"常规"下拉菜单中的命令。操作方法：单击"数字"组中的"常规"下拉按钮，在弹出的下拉菜单中选择相应的命令。

练习6：格式化工作表中的数字。

首先要输入数据，然后利用公式计算，最后对计算出的结果进行格式化，如小数的位数、数字的格式、货币符、日期格式等。以下的练习将进一步熟练掌握格式化工作表中的数字的方法。

①打开"学生成绩表.xlsx"工作簿。

②选择单元格区域D3:H12，如图3-25所示。

序号	姓名	学号	高等数学	大学语文	思想政治	C语言程序设计	计算机网络
1	赵亮	19G61101	92	96	98	89	90
2	张爽	19G61102	95	91	87	90	92
3	李强	19G61103	88	58	89	91	80
4	周学庆	19G61104	84	69	77	69	93
5	刘畅	19G61105	92	89	93	89	91
6	许宏义	19G61106	90	56	90	92	86
7	马宁泽	19G61107	78	67	62	70	80
8	梁洁雪	19G61108	72	80	76	92	83
9	李鹏飞	19G61109	80	92	93	95	98
10	苏博	19G61110	67	78	79	73	88

图3-25 格式化数字

③选择"格式"→"单元格"命令，打开"设置单元格格式"对话框，选择"数字"选项卡。

④从"分类"列表框中选择"数值"选项，如图3-26所示。

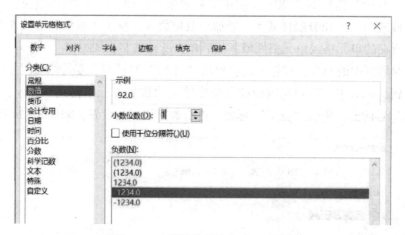

图3-26 "设置单元格格式"对话框

⑤设置小数位数为"1"。

⑥单击"确定"按钮，应用格式如图3-27所示。

【注意】用户也可以通过单击"数字"组中的"增加小数位数"按钮来完成以上操作。每单击一次，将增加1位小数位。不同类别的数据可设置不同的类型，比如货币型、日期型等。

⑦保存工作簿。

图3-27 应用格式

4. 调整行高和列宽

输入完数据以后,有些单元格的宽度、高度不一定适合数据的要求,或出于美观的需要,可以调整工作表的行高和列宽。

(1) 调整列宽

当输入单元格中的数据长度比标准列宽宽时,Excel会将溢出的内容显示到空白单元格。如果邻近的单元格中也有数据,输入内容将从列边界截去,或将数值型数据以"#"方式显示,如图3-28所示。

图3-28 不合适的单元格列宽

列宽可以设定为0~255。当改变列宽时,单元格内存储的内容不改变,只是显示的字符数发生改变。

如果输入的数值长度大于列宽度,Excel会存储数据但以科学记数法显示数字。只要将单元格的宽度改为足够宽,Excel即将显示所有数字。

使用下列方法可以调整列宽:

- 选中要调整的列,单击"开始"选项卡"单元格"组"格式"下拉菜单中的"列宽"命令,弹出"列宽"对话框,在"列宽"文本框中输入期望的列宽值,如图3-29所示。
- 将鼠标指针移动到待调整列的列标题栏右侧竖线上,当看到鼠标指针变成✥形状时,拖动鼠标直至需要的宽度时释放鼠标。要查看某一列的宽度时,可在列标题栏单击两列之间的竖线,鼠标指针位置上会显示出宽度值提示。

(2) 调整行高

根据表格布局的需要,有时需要调整部分或全部行的行高。可以使用下列方法调整行高:

- 选中要调整的行，选择"开始"选项卡"单元格"组"格式"下拉菜单"行高"命令，弹出"行高"对话框，在"行高"文本框中输入期望的行高值，如图 3-30 所示。

图 3-29 "列宽"对话框

图 3-30 "行高"对话框

- 将鼠标指针放到行号底部，当指针变为 ✥ 时，拖动鼠标直至行高满足需要时释放鼠标。

也可以使用"自动调整"命令来自动调整列宽或行高，使列宽或行高自动适应数据的最大长度或高度。可以使用以下方法：选择"格式"下拉菜单"自动调整列宽"或"自动调整行高"命令。此外，自动调整列宽时，可以双击该列列标右侧的竖线；自动调整行高时，可以双击该行行号下面的横线。

5. 添加表格边框

默认情况下，工作表中的网格线在打印时是不显示的。若要打印输出工作表上的表格线，则需对工作表中的单元格或单元格区域添加边框。操作步骤如下：

① 选中要添加边框的单元格区域。单击鼠标右键，在弹出的快捷菜单中选择"设置单元格格式"命令，打开"设置单元格格式"对话框，单击"边框"标签，如图 3-31 所示。

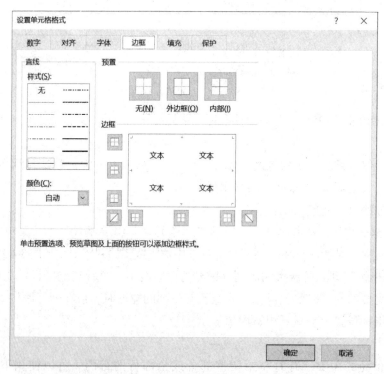

图 3-31 "设置单元格格式"对话框

②在窗口左侧"直线"区的"样式"列表框中选择一种线型;在"颜色"列表框中为线条选择一种颜色;在"预置"区中单击"外边框"按钮。再次在窗口左侧"直线"区的"样式"列表框中选择一种线型;在"颜色"列表框中为线条选择一种颜色;在"预置"区中单击"内部"按钮。内、外边框设置完成后,单击"确定"按钮,即完成表格内、外边框的设置。

【提示】要快速设置表格的边框线,也可以在"开始"选项卡的"字体"组中单击"边框"按钮⊞·右侧的下拉箭头,然后在弹出的窗口中选择合适的边框线。

练习 7:格式化边框线。

在实际工作中,建立工作表后,输入数据并计算,最后要打印输出。在打印之前,需要对表格进行边框线的设置,如边框线的粗细、边框线的颜色及内外边框不同。以下的练习将进一步熟练掌握格式化工作表中的边框线。按下面的操作步骤练习格式化工作表中的边框线:

①打开"学生成绩表.xlsx"工作簿。

②选择单元格区域 A2:H12。

③在"字体"组中单击"边框"按钮⊞·右侧的下拉箭头,然后在弹出的窗口中选择"其他边框"命令,打开"设置单元格格式"对话框。

④在"边框"选项卡中选择"样式"为"细实线","颜色"为"自动","预置"分别选择"外边框"和"内部"。

⑤单击"确定"按钮。

⑥单击被选中的单元格以外的任意位置,查看效果,如图 3-32 所示。

⑦保存工作簿。

	A	B	C	D	E	F	G	H
1				学生成绩表				
2	序号	姓名	学号	高等数学	大学语文	思想政治	C语言程序设计	计算机网络
3	1	赵亮	19G61101	92.0	96.0	98.0	89.0	90.0
4	2	张爽	19G61102	95.0	91.0	87.0	90.0	92.0
5	3	李强	19G61103	88.0	58.0	89.0	91.0	80.0
6	4	周学庆	19G61104	84.0	69.0	77.0	69.0	93.0
7	5	刘畅	19G61105	92.0	89.0	93.0	89.0	91.0
8	6	许宏义	19G61106	90.0	56.0	90.0	92.0	86.0
9	7	马宁泽	19G61107	78.0	67.0	62.0	70.0	80.0
10	8	梁洁雪	19G61108	72.0	80.0	76.0	92.0	83.0
11	9	李鹏飞	19G61109	80.0	92.0	93.0	95.0	98.0
12	10	苏博	19G61110	67.0	78.0	79.0	73.0	88.0

图 3-32 边框线设置效果

6. 设置颜色、底纹和背景

默认情况下,Excel 表格中单元格的颜色是白色,若为其加上不同的颜色和底纹,可以增强表格的直观性,使表格中的重要信息更醒目。

(1) 设置单元格颜色

选定要填充颜色的单元格或区域,单击"开始"选项卡"字体"组中的"填充颜色"按钮 ♦·,再在下拉列表中选择并单击需要的颜色。

(2) 添加单元格底纹

选定要添加底纹的单元格或区域，单击"字体"组中的"对话框启动器"按钮，打开"设置单元格格式"对话框。单击该对话框中的"填充"选项卡，如图 3-33 所示。在"背景色"选项组中选择单元格的背景色，在"图案样式"列表框中选择单元格的底纹图案，在"示例"框中可以预览底纹图案的效果，单击"确定"按钮。

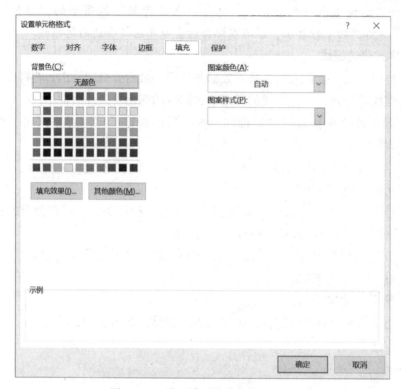

图 3-33 设置单元格背景色、底纹

(3) 设置工作表背景

单击"页面布局"选项卡"页面设置"组中的"背景"命令按钮，在"工作表背景"对话框中选择要作为背景的图片，然后单击"插入"按钮。

若要清除工作表背景，只需单击"页面布局"选项卡"页面设置"组中的"删除背景"命令按钮即可（和"背景"是同一个按钮）。

【注意】添加背景的工作表虽然看起来很美观，却不能打印出来。

练习 8：应用颜色和图案格式化工作表。

应用颜色和图案的功能，可以将读者的注意力吸引到工作表的某些部分上，或者将不同的信息更直观地分隔开。

按下面的操作步骤练习应用颜色和图案格式化工作：

①打开"学生成绩表.xlsx"工作簿。

②选择单元格区域 D3:H12。

③选择"开始"选项卡"单元格"组中的"格式"命令下拉按钮，选择"设置单元格

格式"命令,打开"设置单元格格式"对话框,然后选择"填充"选项卡。

④单击"图案样式"下拉列表框的下三角按钮,如图3-34所示。

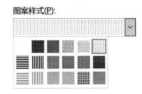

⑤单击"6.25%灰色"图案,单击"确定"按钮。

⑥选择单元格区域B3:D12。

⑦单击 按钮的下三角按钮,然后选择"无填充颜色"选项。

图3-34 "图案"设置

⑧保存并关闭工作簿。

7. 自动套用格式

Excel 内置了一些专业的表格形式,其中字体、颜色和边框格式等表格组成部分已经定义好,用户只需要选择应用即可。具体操作方法如下:

拖动鼠标选中要设置格式的单元格区域,单击"开始"选项卡"样式"组中的"套用表格格式"下拉命令按钮,选择要套用的格式,则表格即被格式化,同时选择"表格工具"的"设计"选项卡。

练习9:自动套用格式设置。

Excel 2016 为用户提供了60种"自动套用格式"标准格式功能,用户可将其应用到所需的工作表中。下面的练习选择了"表样式中等深浅3"自动套用格式。

①打开"学生成绩表.xlsx"工作簿。

②按照需要调整列的宽度,选择A2:C12单元格区域。

③在"开始"选项卡"样式"组中单击"套用表格格式"命令下拉按钮。

④选择"表样式中等深浅3",效果如图3-35所示。

⑤保存并关闭工作簿。

序号	姓名	学号	高等数学	大学语文	思想政治	C语言程序设计	计算机网络
			学生成绩表				
1	赵亮	19G61101	92.0	96.0	98.0	89.0	90.0
2	张爽	19G61102	95.0	91.0	87.0	90.0	92.0
3	李强	19G61103	88.0	58.0	89.0	91.0	80.0
4	周学庆	19G61104	84.0	69.0	77.0	69.0	93.0
5	刘畅	19G61105	92.0	89.0	93.0	89.0	91.0
6	许宏义	19G61106	90.0	56.0	90.0	92.0	86.0
7	马宁泽	19G61107	78.0	67.0	62.0	70.0	80.0
8	梁洁雪	19G61108	72.0	80.0	76.0	92.0	83.0
9	李鹏飞	19G61109	80.0	92.0	93.0	95.0	98.0
10	苏博	19G61110	67.0	78.0	79.0	73.0	88.0

图3-35 套用表格格式

3.3.5 使用条件格式分析数据

Excel 的条件格式功能可以迅速地为某些满足条件的单元格或单元格区域设定某种特定的格式。使用方法如下:

选中需要设定条件格式的单元格区域。单击"开始"→"样式"组中的"条件格式"

按钮，如图3-36所示。

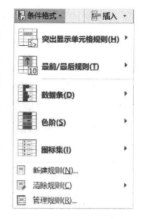

突出显示单元格规则：通过使用大于、小于、等于等比较运算符限定数据范围，对属于该数据范围内的单元格设定格式。以大于为例，选择"大于"选项后，会弹出"大于"对话框，在文本框内输入要大于的数据下限，如"75"，后面的"设置为"选项可以选择符合条件的文本框的格式。

最前/最后规则：可以将选定区域的前若干个最高值或后若干个最低值、高于或低于该区域的平均值的单元格设定特殊格式。以值最大的前10项为例，选择"值最大的前10项"后，可以通过输入数字设定需要前多少项，后面同样可以通过下拉菜单设置符合要求的单元格格式。

图3-36 条件格式

数据条：数据条可帮助读者查看某个单元格相对于其他单元格的值。数据条的长度代表单元格中的值。在比较各个项目的多少时，数据条尤为有用。

色阶：通过颜色渐变来直观地比较单元格中的数据分布和数据变化。

图标集：使用图标集对数据进行注释，每个图标代表一个值的范围。

如果需要更复杂的格式设置，可使用"条件格式规则管理器"对话框，操作步骤如下：

①单击"管理规则"，打开"条件格式规则管理器"对话框，如图3-37所示。由于当前未设定条件格式，所以规则列表区为空，单击窗口上的"新建规则"按钮，打开"新建格式规则"对话框。

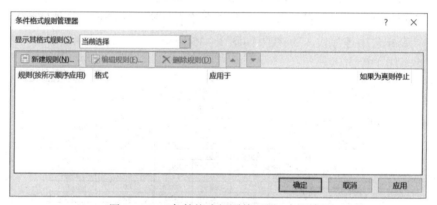

图3-37 "条件格式规则管理器"对话框

②在"新建格式规则"对话框中的"选择规则类型"列表框中选择规则类型，如选择"只为包含以下内容的单元格设置格式"，在"只为满足以下条件的单元格设置格式"的下拉列表框中依次选择"单元格值""小于""60"，如图3-38所示。然后单击"格式"按钮，打开"设置单元格格式"对话框，选择"字体"选项卡，设置"颜色"为红色。

③在"字体"选项卡中设置好格式后，单击对话框中的"确定"按钮，返回到"新建格式规则"对话框，此时可以在预览框中看到格式效果。单击该对话框中的"确定"按钮，返回到"条件格式规则管理器"，如图3-39所示。此时，在规则列表区显示刚设置的条件格式。

图 3-38 "新建格式规则"对话框

图 3-39 新设置的条件格式

④在"条件格式规则管理器"对话框中单击"新建规则"按钮,可以继续创建规则,方法同上。

⑤设置完毕后,在"条件格式规则管理器"对话框的规则列表区显示出所有条件格式,如图 3-40 所示。单击该对话框中的"确定"按钮,最终效果如图 3-41 所示。

图 3-40 条件格式列表

学生成绩表							
序号	姓名	学号	高等数学	大学语文	思想政治	C语言程序设计	计算机网络
1	赵亮	19G61101	92.0	96.0	98.0	89.0	90.0
2	张爽	19G61102	95.0	91.0	87.0	90.0	92.0
3	李强	19G61103	88.0	58.0	89.0	91.0	80.0
4	周学庆	19G61104	84.0	69.0	77.0	69.0	93.0
5	刘畅	19G61105	92.0	89.0	93.0	89.0	91.0
6	许宏义	19G61106	90.0	56.0	90.0	92.0	86.0
7	马宁泽	19G61107	78.0	67.0	62.0	70.0	80.0
8	梁洁雪	19G61108	72.0	80.0	76.0	92.0	83.0
9	李鹏飞	19G61109	80.0	92.0	93.0	95.0	98.0
10	苏博	19G61110	67.0	78.0	79.0	73.0	88.0

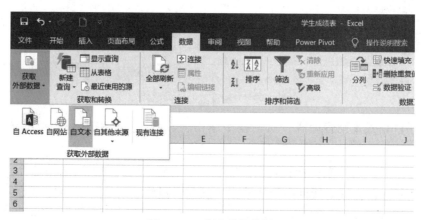

图 3-41　最终效果图

【**提示**】在有大量的数据需要进行观察分析时，条件格式的设置可以更简单、更直观地对数据做出比较，得出结果。

3.3.6　导入外部数据

Excel 允许将文本、Access 和其他工作表等文件中的数据导入，以实现与外部数据共享，提高数据的使用效率。下面以导入文本数据为例，讲解外部数据的导入方法。

①打开工作表，单击“数据”选项卡，然后在“获取外部数据”按钮组中单击“自文本”项，如图 3-42 所示。

图 3-42　获取外部数据

②在“导入文本文件”窗口中选择需要导入的文件，单击“导入”按钮。

③打开“文本导入向导-第 1 步，共 3 步”对话框，在文件类型中选择“分隔符号”选项，单击“下一步”按钮，如图 3-43 所示。

④打开“文本导入向导-第 2 步，共 3 步”对话框，若文件文本信息用逗号分隔，在此单击选中“逗号”复选框；若文本采用其他分隔方式，此处选择对应的分隔符号。选择完成后，Excel 会显示预览效果，如图 3-44 所示。如果对导入的效果满意，单击“下一步”按钮。

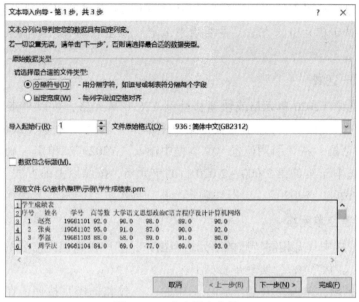

图3-43　文本导入向导1

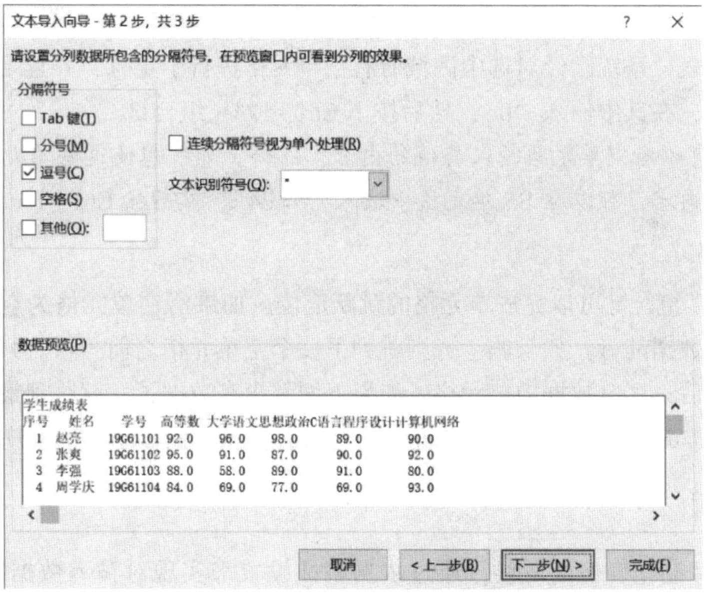

图3-44　文本导入向导2

⑤打开"文本导入向导-第3步，共3步"对话框，在"列数据格式"组合框中选中"文本"，然后单击"完成"按钮。

⑥弹出"导入数据"窗口，选择"现工作表"，单击单元格A1，单击"确定"按钮即可。

3.3.7　定位单元格

要到达某一单元格，一般使用鼠标拖动滚动条来实现，但如果数据范围超出屏幕的显示范围或表格行、列数非常多时，想要快速定位到某一单元格就比较麻烦。这时可以在名称框中输入单元格地址，也可以使用"定位"（快捷键 Ctrl + G）功能迅速到达想要的单元格。

定位是一种选定单元格的方法，主要用来选定"位置相对无规则但条件有规则的单元格或区域"。

1. 定位至某一区域

例1：需要选中 Y2020 单元格或快速移动到 Y2020 单元格，可以单击"开始"选项卡中的"查找和选择"按钮，在弹出的快捷菜单中单击"转到"命令（或使用快捷键 F5），打开"定位"对话框。在"引用位置"文本框中输入"Y2020"，单击"确定"按钮即可。

例2：需要选中 Y 列的第 2 000 ~ 2 020 行的单元格，按照以上的方法，在"引用位置"文本框中输入"Y2000:Y2020"，单击"确定"按钮即可。

2. 定位至所有空单元格

有时会把 Excel 中具有相同特质的单元格空出来，然后快速填充需要的内容。如快速定位空单元格并输入内容"0"，实现步骤如下：

①选中数据区域，单击"开始"选项卡中的"查找和选择"按钮，在弹出的快捷菜单中单击"定位条件"命令，此时会弹出"定位条件"对话框。

②在"定位条件"对话框中选择"空值"，然后单击"确定"按钮，定位空值单元格。

③返回工作表，系统已经对选中区域所有空单元格进行了定位，并且第一个空单元格现在是可输入状态，在其中输入"0"，然后按下 Ctrl + Enter 组合键。

【提示】还可以对空单元格输入其他的内容，例如，如果想使这些单元格输入与其上一个单元格相同的内容，可以在 B5 单元格中输入" = B4"，然后按 Ctrl + Enter 组合键即可。

3. 跳跃定位

利用 Ctrl + ↓ 组合键可以完成单元格的跳跃定位。如果所在单元格为空单元格，那么向下跳到第一个有数据的行；如果非空，则跳到下一个空单元格之前一行。其主要功能是在一块区域内找到最后一个有数据的单元格。如果下面都没有数据了，就跳到最后一行。在一列空白列中，按住 Ctrl + ↓（向下的方向键）组合键，直接跳到了第 1 048 576 行。

3.3.8 数据验证

在利用 Excel 制作表格的时候，通过数据验证设置来实现对输入数据的标准化、格式化，不但可以提高输入的速度，也可以大大提高输入数据的准确性。设置数据验证的步骤如下：

微课3-3
数据验证设置

①打开工作表，选中需要进行数据验证的区域，如图 3-45 所示。

②单击"数据"选项卡，在"数据工具"按钮组中单击"数据验证"按钮，弹出"数据验证"对话框。

③在"设置"选项卡"验证条件"下的"允许"列表框中选择"序列"，"来源"列表框中输入"男,女"（其中逗号为英文半角），并选中"忽略空值"和"提供下拉箭头"选项，如图 3-46 所示。

图3-45 工作表

图3-46 "数据验证"对话框

④单击"确定"按钮，输入学生性别，如图3-47所示。

图3-47 输入性别信息

此时输入学生性别信息时，单击单元格就会出现包含有"男"和"女"信息的下拉列表。直接在列表框中选择即可完成输入。

【注意】在输入不同类别的数据时，在"允许"列表中可以选择其他类型，不同类型对输入的数据验证有不同的方式。如在输入"身份证号"信息时，可以选择"文本长度"，设置其"最小值"和"最大值"均为"18"。这样输入的身份证号只能是18位的，从而在长度上保证了输入的准确性。

⑤选择"输入信息"选项卡，可以设置对输入的信息提示。其中，"标题"为提示信息的标题；"输入信息"为提示信息的内容，如图3-48所示。选中"选定单元格时显示输入信息"。单击"确定"按钮，输入"联系电话"时，出现如图3-49所示的信息提示框。

⑥通过对"出错警告"的设置，Excel能在输入的数据无效时给予提示性警告。无效是指输入的数据不符合先前在"设置"里所限定的关于数据的类型、长度等相关的规则。"出错警告"的设置包括出错警告的样式、标题和提示信息的设置。若在"身份证号"列中进行如图3-50所示的设置，当进行"身份证号"列数据输入时，若输入的长度不等于18，则会弹出出错警告，如图3-51所示。

图 3-48 "输入信息"设置

图 3-49 输入信息提示

图 3-50 "身份证号"验证条件设置

图 3-51 出错警告

⑦为了方便信息输入，Excel 在"数据验证"对话框中进行输入法模式的设置。模式有"随意""打开"和"关闭"三个选项。其中，选择"打开"时，电脑输入法开启，可以很方便地直接输入中文字符；当选择"关闭"时，主要方便输入英文字符。

3.4 公式和函数的使用

分析和处理 Excel 工作表中的数据，需要使用公式和函数。利用公式和函数可以完成各种运算，使计算过程更简便，并且便于理解和维护。若没有公式，电子表格在很大程度上就失去了意义，所以公式是 Excel 的核心。

公式是对单元格中的数据进行分析的等式，利用公式可以对数据进行加、减、乘或除等运算。公式还可以引用同一工作表的其他单元格、同一工作簿中其他工作表中的单元格，或其他工作簿中工作表的单元格。

函数通常是公式的重要组成部分，Excel 2016 提供了丰富的函数，支持对工作表中的数据进行求和、求平均数等运算，其函数向导功能可引导用户通过系列对话框完成计算任务，使用非常方便。

3.4.1　公式的创建和编辑

1. 公式的创建

微课 3－4
简单公式应用

利用公式可以自动对横向或纵向的单元格区域进行计算。执行 what－if 分析可以重新计算大量公式中的数据，同时显示出最终的结果。为工作表创建一个模板，以使将来创建的项目报告拥有相同的结构和公式。

2. 公式的编辑

公式可以包含其他工作表中的单元格，如果相关工作表中单元格的数值发生变化，当前工作表中的单元格数值也将相应地改变。公式可以包含一个单元格，也可以包含多个单元格区域。

微课 3－5
制作九九
乘法表

【注意】公式总是以等号"="开始。要在公式中输入单元格的地址，可以直接输入单元格的名称或单击这一单元格。单元格中显示的是公式的结果，可以在公式栏中查看公式。

公式可以被复制到其他单元格中。Excel 复制公式时，会自动根据偏移距离和方向调整引用单元格地址。

Excel 首先按"自然顺序"计算，然后是乘除，最后是加减。对公式的某一部分加括号，可以改变这一自然顺序，使这部分放在其他部分之前运算。

用于 Excel 的基本数学运算符号有"＊"乘号、"＋"加号、"/"除号、"－"减号。

当 Excel 发现一个公式有错误或不一致时，会弹出错误提示信息。对于不同的错误类型，会提示不同的错误信息，如图 3－52 所示。

当一个工作表中的公式发生变化时，Excel 会显示一个快速识别符✦。

Excel 可以使用公式来帮助用户分析报告中数据的趋势或模式。例如，跟踪一段时期的销售图表以后，一个升或降的模式就呈现出来了。

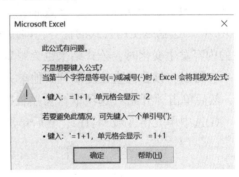

图 3－52　错误提示信息

练习 10：简单公式的应用。

在对工作表中的数据进行处理的时候，可以根据实际需要编写公式，利用公式完成数据的计算。按下面的操作步骤练习简单公式的应用：

①首先打开"学生成绩表.xlsx"工作簿。

②在单元格 I2 中输入"总分"。

③在单元格 I3 中输入"＝D3＋E3＋F3＋G3＋H3"。

【注意】当双击选中引用公式的单元格时，Excel 会突出显示所引用的单元格，如图 3 - 53 所示。

	A	B	C	D	E	F	G	H	I	J
1	学生成绩表									
2	序号	姓名	学号	高等数学	大学语文	思想政治	C语言程序设计	计算机网络	总分	
3	1	赵亮	19G61101	92.0	96.0	98.0	89.0	95.0	=D3+E3+F3+G3+H3	
4	2	张爽	19G61102	95.0	91.0	87.0	90.0	92.0		
5	3	李强	19G61103	88.0	58.0	89.0	91.0	80.0		
6	4	周学庆	19G61104	84.0	69.0	77.0	69.0	93.0		
7	5	刘畅	19G61105	92.0	89.0	93.0	89.0	91.0		
8	6	许宏义	19G61106	90.0	56.0	90.0	92.0	86.0		

图 3 - 53　输入公式

④按 Enter 键完成公式输入，然后返回 I3 单元格。在 I3 单元格中显示结果为“465. 0”，如图 3 - 54 所示。注意公式栏中的公式。

I3　=D3+E3+F3+G3+H3

	A	B	C	D	E	F	G	H	I
1	学生成绩表								
2	序号	姓名	学号	高等数学	大学语文	思想政治	C语言程序设计	计算机网络	总分
3	1	赵亮	19G61101	92.0	96.0	98.0	89.0	90.0	465.0
4	2	张爽	19G61102	95.0	91.0	87.0	90.0	92.0	
5	3	李强	19G61103	88.0	58.0	89.0	91.0	80.0	
6	4	周学庆	19G61104	84.0	69.0	77.0	69.0	93.0	
7	5	刘畅	19G61105	92.0	89.0	93.0	89.0	91.0	
8	6	许宏义	19G61106	90.0	56.0	90.0	92.0	86.0	
9	7	马宁泽	19G61107	78.0	67.0	62.0	70.0	80.0	
10	8	梁洁雪	19G61108	72.0	80.0	76.0	92.0	83.0	
11	9	李鹏飞	19G61109	80.0	92.0	93.0	95.0	98.0	
12	10	苏博	19G61110	67.0	78.0	79.0	73.0	88.0	

图 3 - 54　单元格中的公式

⑤更改 H3 单元格中的分数值为“95. 0”，按 Enter 键，单元格 I3 中的值变成了“470. 0”。这就是使用公式的优势，即用单元格引用代替了单元格中的实际内容，当单元格中的内容发生变化时，公式结果也会跟着改变。

⑥可以将该公式直接复制到其他单元格中，而不需要每次输入相同的公式。选中单元格 I3，然后单击“开始”选项卡“剪贴板”组中的“复制”按钮。

⑦选中单元格区域 I4:I12，然后单击工具栏中“粘贴”按钮，结果如图 3 - 55 所示。

	A	B	C	D	E	F	G	H	I
1	学生成绩表								
2	序号	姓名	学号	高等数学	大学语文	思想政治	C语言程序设计	计算机网络	总分
3	1	赵亮	19G61101	92.0	96.0	98.0	89.0	90.0	465.0
4	2	张爽	19G61102	95.0	91.0	87.0	90.0	92.0	455.0
5	3	李强	19G61103	88.0	58.0	89.0	91.0	80.0	406.0
6	4	周学庆	19G61104	84.0	69.0	77.0	69.0	93.0	392.0
7	5	刘畅	19G61105	92.0	89.0	93.0	89.0	91.0	454.0
8	6	许宏义	19G61106	90.0	56.0	90.0	92.0	86.0	414.0
9	7	马宁泽	19G61107	78.0	67.0	62.0	70.0	80.0	357.0
10	8	梁洁雪	19G61108	72.0	80.0	76.0	92.0	83.0	403.0
11	9	李鹏飞	19G61109	80.0	92.0	93.0	95.0	98.0	458.0
12	10	苏博	19G61110	67.0	78.0	79.0	73.0	88.0	385.0

图 3 - 55　选中单元格区域

【注意】当公式被粘贴到其他单元格时，公式参数进行了自动调整，这就是相对引用。

⑧保存工作簿。

3. 公式的运算顺序

除了前面提到的基本数学运算符以外，Excel 还支持多种运算符。所有的运算符都有运算优先级，当公式中出现多个运算符时，Excel 按运算符的优先级顺序进行运算。常用的运算符及优先级见表 3-1。

表 3-1　Excel 运算符的优先顺序

优先顺序	符号	说明
1	:（空格）,	引用运算符：冒号、空格和逗号
2	-	算术运算符：负号
3	%	算术运算符：百分比
4	^	算术运算符：幂
5	* 和 /	算术运算符：乘和除
6	+ 和 -	算术运算符：加和减
7	&	文本运算符：连接文本
8	= , >= , <= , > , < , <>	比较运算符：返回逻辑值 TRUE 或 FALSE

3.4.2　公式与单元格的引用

引用是标识工作表的单元格和单元格区域，其作用在于指明公式中使用的数据的位置。可以在公式中引用同一工作表不同单元格中的数据，也可以引用同一工作簿中不同工作表的单元格。引用分为相对引用、绝对引用和混合引用三种。

1. 相对引用

Excel 中大多数公式内引用的单元格地址是相对的，如果复制一个包含相对引用的公式，它会在新的位置上自动调整引用的单元格地址。例如，假设有一个公式在一列中将 3 行数据相加，把同样的公式复制到新列中，新列公式中的 3 行引用单元格地址是与新列相对应的 3 行地址。

2. 绝对引用

绝对引用是指在把公式复制或填入新位置时，使其中的单元格地址保持不变。绝对引用形式是在列标和行号前加一个符号"$"，如"$D$4"，它总是指向固定的引用位置，即第 4 行第 4 列的单元格。也就是说，如果在公式中使用了绝对引用，无论如何改变公式的位置，其引用的单元格地址都是不变的。

3. 混合引用

混合引用是指在单元格地址中，既有相对引用，又有绝对引用。如"$B3"。下面以建立九九乘法表为例，来说明混合引用的使用方法。操作方法：在如图 3-56 所示的工作表中选定单元格 B2。由乘法表的规律，希望第一个乘数的左列（$A）不变，而行跟着变动；而第 2 个乘数的最上行不动（$1），而列值相应地变动，故应在 B2 单元格中输入公式"=$A2*B$1"。再次选定 B2 单元格，选择"剪贴板"组中的"复制"按钮，选定目标单元格区域 B2:I9，然后选择剪贴板组中的"粘贴"按钮，结果如图 3-57 所示。

【注意】单元格公式的三种引用方式的转换，可以手动从键盘录入"$"符号，也可以使用快捷键 F4 自动转换。

图 3-56　输入公式　　　　　　　　图 3-57　利用混合引用建立九九乘法表

练习 11：九九乘法表的制作。

通过制作九九乘法表，帮助同学们加深对三种地址引用方法的运用的理解。

①新建工作簿，在工作表中输入数据，如图 3-56 所示。

②选中单元格 B2，在函数栏中输入公式"=$A2*B$1"。

③选中单元格 B2，向左右空白单元格中输入填充数据。

④选中单元格区域 B2:I9，在"开始"→"段落"中设置对齐方式为"居中"。

⑤保存工作簿。

3.4.3　函数概述

Excel 中的函数是一些已经定义好的公式，由函数名及其参数组成，是通过参数值以特定的顺序或结构进行的计算。Excel 中的函数主要有以下几类：日期和时间函数、统计函数、数学函数、财务函数等，利用这些函数可以提高数据处理的能力。

微课 3-6
公式函数的应用

函数的基本格式为：函数名(参数 1,参数 2,…)

函数由函数名、括号、参数组成。若一个函数包含多个参数，则参数间使用","（英文半角）符号分隔。

1. 直接输入函数

用户可以在单元格中直接输入函数，前提是对所用函数非常熟悉，包括函数名称和参数的类型等。输入方法与输入公式的方法类似，就是在输入函数名称前先输入"="，但 Excel 2016 提供了几百个函数，不可能熟练掌握所有函数，若不清楚所需使用函数的函数名称及参数类型等，可以使用"插入函数"对话框进行输入。

2. 利用对话框输入函数

要想利用对话框输入函数，可以使用"公式"选项卡中的"插入函数"按钮 ，打开"插入函数"对话框，或在"公式"选项卡的"函数库"组中单击"插入函数"按钮，如图 3-58 所示。按提示进行选择函数、设置参数等，最终完成函数的输入。

图 3-58 "插入函数"对话框

3.4.4 常用函数

1. 取整函数 INT

语法：INT(number)

功能：返回整数。

说明：number 可以是数值，也可以是单元格名称。

示例：=INT(12.4)的值为 12。若 A1 单元格的值为 13.8，则=INT(13.8)的值为 13。

2. 四舍五入函数 ROUND

语法：ROUND(number,nmm_digits)

功能：返回某指定数字按指定位数四舍五入后的数字。

说明：number 为需要进行四舍五入的数字；nmm_digit 为四舍五入到小数点后的哪一位。

示例：=ROUND(123.678,2)的值为 123.68。

3. 条件函数 IF

语法：IF(logical_test,value_if_true,value_if_false)

功能：判断条件是否满足，若满足，则返回一个值；若不满足，则返回另一个值。

说明：logical_test 是可判断为 TRUE 或 FALSE 的表达式；value_if_true 是当 logical_test

为 TRUE 时的返回值；value_if_false 是当 logical_test 为 FALSE 时的返回值。

示例：=IF(A1>=90,"优秀","一般")，若 A1 单元格值≥90，则返回"优秀"，否则，返回"一般"。

4. 求和函数 SUM

语法：SUM(number1,number2,number3,…)

功能：返回单元格区域中所有数值之和。

说明：number1，number2，number3，…为 1~30 个需要求和的参数，每个参数可以是数字、单元格名称、单元格区域。

示例：=SUM(1,2,3)的值为 6。若 A1 单元格的值为 25，C1 单元格的值为 30，则=SUM(A1,C1,35)的值为 90。若 B1:B4 单元格区域的值为 12、2、3、5，C2 单元格的值为 10，则=SUM(B1:B4,C2,10)的值为 42。

5. 平均值函数 AVERAGE

语法：AVERAGE(number1,number2,number3,…)

功能：返回单元格区域中所有数值的平均值。

说明：number1，number2，number3，…为 1~30 个需要求和的参数，每个参数可以是数字、单元格名称、单元格区域。

示例：=AVERAGE(1,2,3)的值为 2。若 A1 单元格的值为 25，C1 单元格的值为 30，则=AVERAGE(A1,C1,35)的值为 30。若 B1:B4 单元格区域的值为 12、2、3、5，C2 单元格的值为 10，则=AVERAGE(B1:B4,C2,10)的值为 7。

6. 最大值函数 MAX

语法：MAX(number1,number2,number3,…)

功能：返回单元格区域中所有数值的最大值。

说明：number1，number2，number3，…为 1~30 个需要求最大值的参数，每个参数可以是数字、单元格名称、单元格区域。

示例：=MAX(1,2,3)的值为 3。若 A1 单元格的值为 25，C1 单元格的值为 30，则=MAX(A1,C1,35)的值为 35。若 B1:B4 单元格区域的值为 12、2、3、5，C2 单元格的值为 10，则=MAX(B1:B4,C2,10)的值为 12。

7. 最小值函数 MIN

语法：MIN(number1,number2,number3,…)

功能：返回单元格区域中所有数值的最小值。

说明：number1，number2，number3，…为 1~30 个需要求最小值的参数，每个参数可以是数字、单元格名称、单元格区域。

示例：=MIN(1,2,3)的值为 1。若 A1 单元格的值为 25，C1 单元格的值为 30，则=MIN(A1,C1,5)的值为 5。若 B1:B4 单元格区域的值为 12、2、3、5，C2 单元格的值为 10，则=MIN(B1:B4,C2,10)的值为 2。

8. 计数函数 COUNT

语法：COUNT(number1,number2,number3,…)

功能：求各参数中数值型参数和包含数值的单元格个数。

说明：number1，number2，number3，…为1~30个参数，每个参数可以是数字值，也可以是单元格、单元格区域地址。

示例：=COUNT(35,B1:B3,"GOOD")，若B1:B3单元格区域中的数据都是数值，则函数值为4。

练习12：公式与函数的应用。

Excel最强的功能在于其可以方便地计算和处理函数，以及对数据进行一系列的管理和分析。按下面的操作步骤练习公式与函数的应用：

①打开"学生成绩表.xlsx"工作簿，并且选择"学生成绩表"工作表。

②选中单元格I3。

③单击"开始"选项卡"编辑"组中的自动求和按钮Σ。

【注意】单元格中显示"=SUM(D3:H3)"，且单元格区域D3:H3被虚线框选中，同时Excel显示出一个可供选择的方法，即用各个单元格的数据值输入这个公式。

④按Enter键确认此公式。

⑤选中单元格I3，使用"填充柄"复制公式到单元格区域I4:I12。

⑥选中单元格A13，输入"平均分"，按Enter键确认。

⑦选中单元格D13，单击"编辑"组中的自动求和按钮Σ旁的下拉列表按钮，单击"平均值"命令。

【注意】单元格中显示"=AVERAGE(D3:D12)"，且单元格区域D3:D12被虚线框选中。

⑧按Enter键确认此公式。

⑨选中单元格D13，使用"填充柄"复制公式到单元格区域E13:I13。

⑩在单元格A14中输入"最高分"，按Enter键确认。

⑪选中单元格D14，单击"编辑"组中的"自动求和"按钮Σ旁的下拉列表按钮，单击"最大值"命令。

【注意】单元格中显示"=MAX(D3:D12)"，且单元格区域D3:D12被虚线框选中。

⑫按Enter键确认此公式。

⑬选中单元格D14，使用"填充柄"复制公式到单元格区域E14:I14。

⑭在单元格A15中输入"最低分"，按Enter键确认。

⑮选中单元格D15，单击"编辑"组中的"自动求和"按钮Σ旁的下拉列表按钮，单击"最小值"命令。

【注意】单元格中显示"=MIN(D3:D12)"，且单元格区域D3:D12被虚线框选中。

⑯按Enter键确认此公式。

⑰选中单元格D15，使用"填充柄"复制公式到单元格区域E15:I15。

⑱保存工作簿。"学生成绩表"如图3-59所示。

	A	B	C	D	E	F	G	H	I
1	学生成绩表								
2	序号	姓名	学号	高等数学	大学语文	思想政治	C语言程序设计	计算机网络	总分
3	1	赵亮	19G61101	92.0	96.0	98.0	89.0	95.0	470.0
4	2	张爽	19G61102	95.0	91.0	87.0	90.0	92.0	455.0
5	3	李强	19G61103	88.0	58.0	89.0	91.0	80.0	406.0
6	4	周学庆	19G61104	84.0	69.0	77.0	69.0	93.0	392.0
7	5	刘畅	19G61105	92.0	89.0	93.0	89.0	91.0	454.0
8	6	许宏义	19G61106	90.0	56.0	90.0	92.0	86.0	414.0
9	7	马宁泽	19G61107	78.0	67.0	62.0	70.0	80.0	357.0
10	8	梁洁雪	19G61108	72.0	80.0	76.0	92.0	83.0	403.0
11	9	李鹏飞	19G61109	80.0	92.0	93.0	95.0	98.0	458.0
12	10	苏博	19G61110	67.0	78.0	79.0	73.0	88.0	385.0
13	平均分			83.8	77.6	84.4	85.0	88.6	419.4
14	最高分			95.0	96.0	98.0	95.0	98.0	470.0
15	最低分			67.0	56.0	62.0	69.0	80.0	357.0

图 3-59　利用简单函数进行数据处理

3.4.5　其他函数

1. 插入或替换字符

当需要对某个文本字符串中的部分内容进行替换时，可以使用文本替换函数 REPLACE，语法格式如下：

$$REPLACE(old\_text, start\_num, num\_chars, new\_text)$$

其中，old_text 为原文本；start_num 为开始位置数；num_chars 为替换字符数；new_text 为替换的字符。

可以通过以下实例来掌握函数的用法：

（1）插入字符

假定 A1 单元格的内容为"Excel 技巧"，要将其改为"Excel 2016 技巧"，可在 A2 单元格中输入公式：=REPLACE(A1,6,0,"2016")。此处参数 num_chars 值为"0"，不替换，只是在此位置插入"2016"。

（2）删除字符

假定 A1 单元格的内容为"Excel 2016 技巧"，要将其改为"Excel 技巧"，可在 A2 单元格中输入公式：=REPLACE(A1,6,4,"")。此处参数 num_chars 值为"4"，替 4 个空字符，即将原来的 4 个字符删除。

（3）替换字符

假定 A1 单元格的内容为"excel 2016 技巧"，要将其改为"Excel 2016 技巧"，可在 A2 单元格中输入公式：=REPLACE(A1,1,1,"E")。

2. 字母大小写转换

LOWER 函数：将所有大写英文字母转换为小写字母，其他字符不变。
UPPER 函数：将所有小写英文字母转换为大写字母，其他字符不变。
PROPER 函数：英文单词首字母大写。

假设 A1 单元格的内容为"aBc　123aBc"，则：

=LOWER(A1)的返回值为"abc　123abc"；

=UPPER(A1)的返回值为"ABC   123ABC";

=PROPER(A1)的返回值为"ABc   123ABc"。

3. 多条件计数

COUNTIF()函数通常用于单条件计数,COUNTIFS()函数通常用于多条件计数。

语法：COUNTIF(range,criteria)

说明：其中参数range为需要计算其中满足条件的单元格数目的单元格区域；参数criteria为确定哪些单元格将被计算在内的条件，其形式可以为数字、表达式或文本。例如，条件可以表示为59、"97"、">56"或"blue"等。

假设学生的成绩是0~100，统计平均分90分以上的学生人数，则可以使用如下命令：=COUNTIF(I6:I15,">=90")，如图3-60所示。

图3-60 COUNTIF函数

统计80~90分的学生人数，可使用如下命令：=COUNTIF(I6:I15,">=80")-COUNTIF(I6:I15,">=90")，或使用多条件计数命令：=COUNTIFS(I6:I15,">=80",I6:I15,"<90")。

4. 排名函数RANK()

返回单元格的值相对单元格区域数值的大小位置数。

语法：RANK(number,ref,order)

假设单元格区域J6:J15存放的是学生总分，现需按总分进行排名。以往的排名方法都是先按总分降序排序，然后使用填充命令输入名次，这样会改变原有数据的顺序。

可以利用该函数一次性生成基于总分的排序，即"名次"。如在K6单元格中输入如下公式：=RANK(J6,J6:J15)，计算出第一个人的名次，如图3-61所示。

拖动填充柄向下复制，则可得到所有成绩的名次，如图3-62所示。需要注意的是，这时得到的名次明显是有错误的。查看K15单元格中的公式，发现随着结果单元格的改变，统计的范围由J6:J15变成J15:J24。若希望范围值始终是J6:J15，需要将单元格进行绝对引用，即公式修改为=RANK(J6,J$6:J$15)。再次拖动填充柄，得到了所有同学的名次信息，如图3-63所示。

图 3-61　RANK 函数 1

图 3-62　RANK 函数 2

图 3-63　RANK 函数 3

5. VLOOKUP 函数

VLOOKUP 函数用于搜索表区域首列满足条件的元素,确定带检索单元格在区域中的行序号,再进一步返回选定单元格的值。

函数格式如下：

VLOOKUP(lookup_value,table_array,col_index_num,[range_lookup])

参数含义及用法：

①lookup_value，必需。要在表格或区域的第一列中搜索的值。lookup_value 参数可以是值或引用。如果为 lookup_value 参数提供的值小于 table_array 参数第一列中的最小值，则 VLOOKUP 将返回错误值“#N/A”。

②table_array，必需。包含数据的单元格区域。可以使用对区域（例如 A2:D8）或区域名称的引用。table_array 第一列中的值是由 lookup_value 搜索的值。这些值可以是文本、数字或逻辑值。文本不区分大小写。

③col_index_num，必需。table_array 中查找数据的数据列序号。col_index_num 参数为 1 时，返回 table_array 第一列中的值；col_index_num 为 2 时，返回 table_array 第二列中的值，依此类推。

如果 col_index_num 参数小于 1，则 VLOOKUP 返回“#VALUE!”(错误值)；大于 table_array的列数，则 VLOOKUP 也返回“#VALUE!”。

④range_lookup，可选。一个逻辑值，指定希望 VLOOKUP 查找是精确匹配还是近似匹配。

如果 range_lookup 为 TRUE 或被省略，则返回精确匹配或近似匹配值。如果找不到精确匹配值，则返回小于 lookup_value 的最大值。

重要信息如果 range_lookup 为 TRUE 或被省略，则必须按升序排列 table_array 第一列中的值；否则，VLOOKUP 可能无法返回正确的值。

例：查找表格中刘畅同学的总分，可使用公式：=VLOOKUP(B10,B6:J15,9)，如图 3-64 所示。

	A	B	C	D	E	F	G	H	I	J	K
1	学生成绩表										
2	分数段	90~100	80~90	70~80	60~70	60以下					
3	人数	4	3	3	0	0					
4	百分比										
5	序号	姓名	学号	高等数学	大学语文	思想政治	C语言程序设计	计算机网络	平均分	总分	名次
6	1	赵亮	19G61101	92.0	96.0	98.0	89.0	90.0	93.0	558.0	1
7	2	张爽	19G61102	95.0	91.0	87.0	90.0	92.0	91.0	546.0	3
8	3	李强	19G61103	88.0	58.0	89.0	91.0	80.0	81.2	487.2	6
9	4	周学庆	19G61104	84.0	69.0	77.0	69.0	93.0	78.4	470.4	8
10	5	刘畅	19G61105	92.0	89.0	93.0	89.0	91.0	90.8	544.8	4
11	6	许宏义	19G61106	90.0	56.0	90.0	92.0	86.0	82.8	496.8	5
12	7	马宁泽	19G61107	78.0	67.0	62.0	70.0	80.0	71.4	428.4	10
13	8	梁洁雪	19G61108	72.0	80.0	76.0	92.0	83.0	80.6	483.6	7
14	9	李鹏飞	19G61109	80.0	92.0	93.0	95.0	98.0	91.6	549.6	2
15	10	苏博	19G61110	67.0	78.0	79.0	73.0	88.0	77.0	462.0	9
16									刘畅	544.8	

图 3-64 VLOOKUP 函数

3.4.6 公式与函数运算常见错误

在使用公式和函数进行运算时，由于各种原因可能会导致无法得到正确的结果，此时系统会给出不同的错误提示信息，如#VALUE!、#DIV/0! 等，下面分别对这些常见错误提示信息给予简要介绍。

1. 出现"#####"错误

如果单元格所含的数字、日期或时间比单元格宽时,将会出现"#####"错误,这时可以使用拖动列标题边界的方法来增加单元格宽度,直至显示结果正确为止。

2. 出现"#VALUE!"错误

在 Excel 中出现"#VALUE!"错误,可能是由以下几种原因造成的:对含有文本的单元格进行了数值运算,此时需检查参与运算的单元格;若对含有文本的行或者列求和,最好使用 SUM 函数,因为 SUM 函数在计算时将忽略文本所在的单元格;在需要单一数值参数的函数中输入了一个数值区域,如计算 B1 = INT(D1:D3),则 B1 的计算结果将为"#VALUE!",此时需修改公式,将其中的数值区域改为单一数值即可。

3. 出现"#DIV/0!"错误

在 Excel 中出现"#DIV/0!"错误,可能是由以下几种原因造成的:在公式中,除数使用了指向空单元格或包含零值单元格的单元格引用(Excel 把空白单元格的空值当作零值),此时需修改单元格引用,或者在用作除数的单元格中输入不为零的值。如果输入的公式中包含明显的除数零,例如"=6/0",则也会产生错误信息"#DIV/0!"。

4. 出现"#NAME?"错误

在 Excel 中出现"#NAME?"错误,可能是由以下几种原因造成的:函数名称输入错误,比如将编辑栏中的公式"=SUM(B1:D1)"写成了"=SYM(B1:D1)",要避免这种错误,最好使用函数向导来输入函数;在公式中使用文本却没有加双引号将其引用起来,这时只需在公式中引用文本时加上双引号即可。

如果函数中的单元格区域引用缺少冒号,或将冒号写成了其他符号,或在全角中文状态下输入了冒号,也会产生"#NAME?"错误。故最好使用鼠标拖动的方法选取单元格区域。

5. 出现"#N/A"错误

当在函数或公式中没有可用数值时,将产生"#N/A"错误信息。如某些单元格暂时没有数值,可以在这些单元格中输入"#N/A",这样公式在引用这些单元格时,将不进行数值计算,而是返回"#N/A"。

6. 出现"#REF!"错误

单元格中出现"#REF!"错误信息是该单元格引用无效的结果,即删除了由其他公式引用的单元格,或将移动单元格粘贴到由其他公式引用的单元格中。这时应在更改公式或者在删除或粘贴单元格之后,立即单击"撤销"按钮,以恢复工作表中的单元格。

7. 出现"#NUM!"错误

当公式或函数中某个数字有问题时,比如在需要数字参数的函数中使用了不能接受的参数,或者由公式产生的数字太大或太小,以至于 Excel 不能表示时,将产生"#NUM!"错误信息。

除此之外，用户还应检查所有圆括号是否都是成对出现的、在函数中输入函数嵌套时是否超过等级。

3.5 数据图表化

图表是对工作表数据的图形化表示。通过图表，能形成直观的数据对比，生动地反映出数据的变化趋势。Excel 2016 提供了多种图表类型，如柱形图、折线图、饼图等，可根据工作表数据的特点来创建不同类型的图表，使数据表现得更加直观、生动。

通过对图表布局的设置，可以不断丰富、充实图表元素，完善图表的布局结构，使图表信息更加全面、准确。

3.5.1 图表的基本知识

为了能够在充分地理解、掌握图表相关知识的基础上熟练地创建和编辑图表，需要掌握 Excel 图表的相关术语。同时，也需要了解 Excel 图表的主要结构和元素。

微课 3-7
图表的结构
和元素

1. 图表的基本术语

学习使用 Excel 创建图表，应熟悉下面关于图表的基本术语。

（1）数据系列

数据系列是同类数据的集合。在图表中表示为描绘数值的柱状图、直线或其他元素。比如，在图表中可用一组淡紫色的矩形条来表示一个数据系列。

（2）分类

分类说明系列中元素的数目。

坐标轴：以二维图表为例，在二维图表中有一个 X 轴（水平方向）和一个 Y 轴（垂直方向）。

X 轴包含有分类和数据系列标签，Y 轴表示值。

（3）图例

图例说明图表中不同元素的含义。比如柱形图的图例说明每个颜色的图形所表示的系列。

（4）网格线

网格线强调 X 轴或 Y 轴的刻度，用户可以根据需要自己设置。

2. 图表的结构和元素

一个 Excel 图表是由图表区和绘图区两部分构成的，如图 3-65 所示。其中，图表区指的是整个图表，包含所有图表元素；绘图区指的是数据系列、数据标签、趋势线等元素所在的区域。可以根据需要分别设置两个区的格式。

一个完整的图表可能要包括多个图表元素才能让图表表现得更直观、具体，各图表元素如图 3-66 所示，各标号标记了不同图表元素。

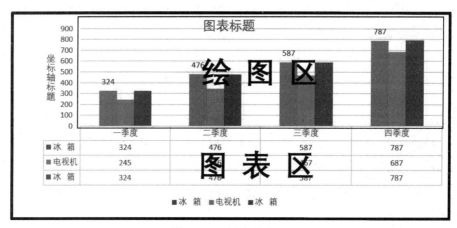

图 3-65　图表的分区

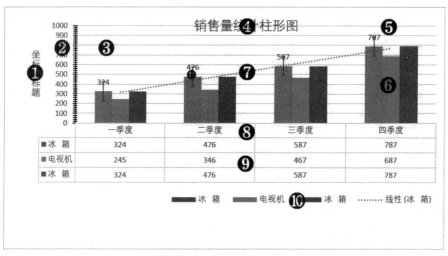

图 3-66　图表元素示意图

各标号标记的图表元素名称及含义如下：

①坐标轴标题：一般用来说明此坐标轴的功能，如在本例中可以设置为"销售量"。

②主要纵坐标轴：用来标记某个量取值的范围。在本例中表示销售的数量，具体的表示范围即最大值、最小值及单位，可以根据需要自行设置。

③网格线：主要用来标记坐标轴与数据系列（⑥）之间的对应关系，包括水平网格线和垂直网格线。

④图表标题：图表的名称。

⑤数据标签：一般用来显示数据系列（⑥）值的大小。

⑥数据系列：表现数据值大小的图形。

⑦趋势线：默认情况下不设置，可以表示某一系列值的变化趋势。

⑧主要横坐标轴：用来表示某个量。本例中表示时间的量"季度"。

⑨数据表：工作表中的数据表。

⑩图例：数据系列的标记说明，一般情况下，其颜色和数据系列的颜色一致。

⑪误差线：以图形形式显示与数据系列中每个数据标记相关的可能误差量。

【注意】 并非所有类型的图表都有以上各图表元素，其他类型图表可能有不同的图表元素，这里不一一列举了。

3. 常见图表类型

Excel 2016 内置了多种图表类型，正确地选择图表类型是创建图表的基础。实际工作中，需要根据具体的分析目标和数据表的结构选择一种合适的图表类型，选择的图表类型是否合适，将会影响表现的效果。下面是几种常见图表类型的应用。

（1）柱形图

柱形图用于描述不同时期数据的变化情况，通常用于数据之间的差异，便于人们进行横向比较。图 3 – 67 所示的柱形图就是某公司四个季度家用电器销售情况。

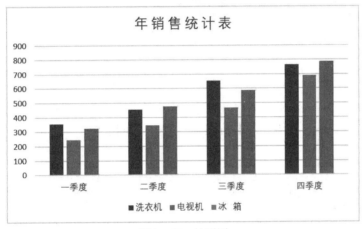

图 3 – 67 柱形图

（2）折线图

用于分析数据随时间的变化趋势，将同一数据序列的数据点在图上用直线连接起来，通常用于分析数据的变化趋势。图 3 – 68 所示的折线图在比较各个月份增长速度差异的同时，也体现了变化的趋势。

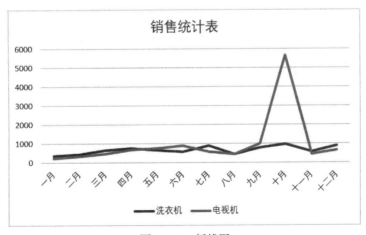

图 3 – 68 折线图

(3) 饼图

通常用于描述比例和构成等信息，可以显示数据序列项目相对于项目总和的比例大小，但一般只能显示一个序列的值，因此适用于强调重要元素，如图3-69所示。该图生动地展现了不同产品销售量的占比情况。

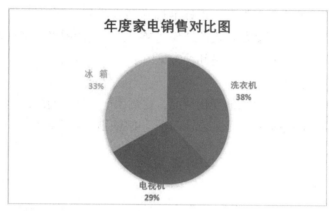

图3-69 饼图

除了上面介绍的常用图表类型外，Excel 2016 还提供了很多种图表类型。例如，条形图、面积图、XY散点图、气泡图和股价图等，这些图表类型分别适用于不同的领域。

3.5.2 图表的相关操作

在创建图表之初，要分析工作表数据的特点，设计数据的表现形式，从而确定图表类型、样式等。为了使工作表中的数据表格与图表的布局更加合理，有时会将图表移动到不同的工作表中。

微课3-8
图表的创建

1. 创建图表

打开工作表，选择要创建图表的数据区，按如下方法创建图表。图表一经创建，就插入当前工作表中。

- 单击"插入"选项卡，在"图表"组中单击"推荐的图表"按钮，打开"插入图表"对话框，在"选择推荐的图表"中选择某类图表，也可以在"所有图表"中选择一种图表类型。
- 单击"插入"选项卡，在"图表"组中单击某个图表类按钮，在弹出的下拉列表中选择合适的图表类型。

2. 选择图表样式

选中图表，单击"图表工具/设计"选项卡，在图表样式列表框中单击选择一种图表样式，也可以单击图表样式列表框右下角的"其他"按钮，在样式列表框中选择其他样式。

3. 更改图表颜色

选中图表，单击"图表工具/设计"选项卡，单击图表样式列表框右侧的"更改颜色"按钮，在列表框中选择合适的颜色。

4. 移动图表

单击选中图表，单击"图表工具/设计"选项卡，在"位置"选项中单击"移动工作表"按钮。

3.5.3 设置图表布局

越是复杂的图表，图表元素就可能越多。若要使图表直观、整洁，应该合理布置各图表元素。修改图表布局的方法有如下两种：

1. 添加图表元素

单击选中图表，单击"图表工具/设计"选项卡，在"图表布局"按钮组中单击"添加图表元素"，出现图表元素下拉列表。在下拉列表中选择设置坐标轴、坐标轴标题和图表标题等。

①坐标轴：设置图表是否包含 X、Y 坐标轴。

②坐标轴标题：设置是否给图表坐标轴添加标题。

③图表标题：可以设置图表是否带有标题，以及标题所在的位置。

④数据标签：可以设置图表是否带有数据标签，以及标签所在的位置。

⑤数据表：可以设置图表是否带有数据表，以及是否显示图例项标识。

⑥误差线：可以设置图表是否带有误差线，以及选择何种误差线。有标准误差、百分比和标准偏差三种。

⑦网格线：可以设置图表的主、次坐标轴的水平、垂直方向上的网络线。

⑧图例：可以设置图表是否带有图例，以及图例所在的位置。

⑨线条：在折线图类型下，可以设置图表是带有线条，以及线条的类型。

⑩趋势线：可以设置图表是否带有趋势线，以及趋势线的类型。

⑪涨/跌柱线：在折线图类型下，可以设置图表是否带有涨/跌柱线。

2. 快速布局

Excel 2016 提供了 11 种现成的图表布局方案。使用"快速布局"设置图表布局的操作方法是：选择"设计"选项卡，在"图表布局"组中单击"快速布局"按钮，从中选择一个适当的图表布局，如图 3-70 所示。

3.5.4 编辑图表

图表创建完成后，还可以对其进行修改，包括调整图表的大小和类型、更改数据源等。

1. 调整图表的大小

调整图表大小的操作：用鼠标单击图表，图表四周显示出控制点（即小空心圆），说明图表被选中。将鼠标移到控制点处，当指针变为双箭头形

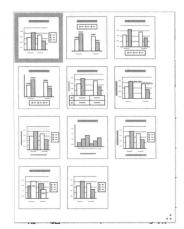

图 3-70 "快速布局"列表

状时，按住鼠标左键拖动，此时鼠标指针将变成 ✚ 形，显示的虚线框表示调整的大小。调整到合适的大小时，释放鼠标左键即完成调整。

除了可以调整表的大小外，用户还可以根据需要调整图表中绘图区的大小，操作方法和调整图表大小的方法相似。用鼠标单击选择绘图区，绘图区的四周将显示控制点，然后将鼠标移到任意控制点上，当鼠标指针变为双箭头形状时，按住鼠标左键拖动至合适位置即可。

2. 更改图表的类型

当图表创建完成以后，如果需要修改图表的类型，可以在"设计"选项卡"类型"中单击"更改图表类型"按钮 ，打开"更改图表类型"窗口。步骤如下：

①用鼠标单击图表边缘，图表的四周出现小空心圆，表示该图表被选中。

②单击鼠标右键，在弹出的菜单中选择"更改图表类型"命令，打开"更改图表类型"对话框。在这里选择需要的图表类型和子类型，单击"确定"按钮完成修改。

【知识拓展】若选中某一数据系列，再更改图表类型，则只有选中的数据系列参与更改。也就是说，同一个图表中，可以具有不同的图表类型。

3. 更改图表的数据源

如果要增加或者减少图表中的类别或者系列，可以通过扩大或者缩小图表数据源选取范围的方法来完成。操作步骤如下：

①选定工作表中的图表，在"图表工具"选项卡中选择"设计"，单击"选择数据"按钮。

②在打开的"选择数据源"对话框中，在"图表数据区域"文本框内将原先的图表数据区域删除，重新选择数据区域即可。

4. 添加数据标签

①在图表系列上单击鼠标右键，在弹出的快捷菜单中单击"添加数据标签"。

②在图表数据标签上单击鼠标右键，在弹出的快捷菜单中单击"设置数据标签格式"。

③在弹出的"设置数据标签格式"窗口中，可以根据需要针对数据标签设置各种格式。比如选中"标签选项"中类别名称前的方框（复选框），可以看到图表中的数据标签已经有所不同。

④继续步骤③的操作，在"设置数据标签格式"窗口中先单击"标签选项"下的"填充"按钮 菜单项，在"填充"栏内选择"渐变填充"，然后选择渐变类型、方向、颜色等。

⑤选择标签，在"开始"选项卡"对齐方式"组中单击选择想要的对齐方式。

【注意】熟练、合理利用"设置数据标签格式"功能会给图表增色不少。

练习13：创建图表。

本练习以某公司家用电器的季度销售量统计表为例，创建季度销售量图表，实现步骤如下。

①打开 Excel 2016 并新建工作表,输入如下数据,如图 3-71 所示。

	A	B	C	D	E
1		销 售 统 计 表			
2		一季度	二季度	三季度	四季度
3	洗衣机	356	455	654	765
4	电视机	245	346	467	687
5	冰 箱	324	476	587	787

图 3-71 "销售统计表"数据

②选中单元格区域 A1:E5。

③单击"插入"选项卡,在"图表"组中单击"插入柱形图或条形图"按钮 ,选择"二维柱形图",生成"季度销售统计表"图表,如图 3-72 所示。

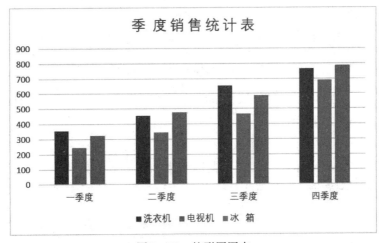

图 3-72 柱形图图表

④此时系统打开"图表工具"选项卡组,包括"设计"和"格式"两个选项卡。

⑤在"设计"选项卡"位置"组中单击"移动图表"按钮,打开"移动图表"对话框,从中选择以"新工作表"的形式生成图表还是嵌入("对象位于")到某张工作表中,默认是数据所在工作表,如图 3-73 所示。

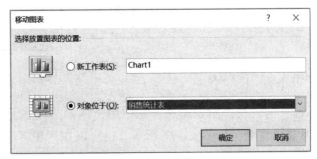

图 3-73 "移动图表"对话框

⑥选择"设计"选项卡,单击"类型"组中的"更改图表类型"按钮,将打开"更改

图表类型"对话框，从中选择要更改的类型。

⑦若生成图表的数据源选择配置不当，则选择"设计"选项卡，单击"数据"组中的"选择数据"按钮，打开"选择数据源"对话框，如图3-74所示，可以对数据源重新进行添加、编辑或删除操作。

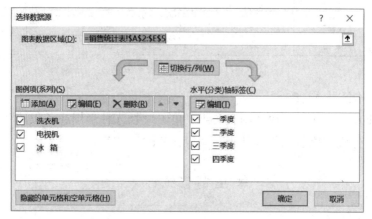

图3-74 "选择数据源"对话框

⑧选择"设计"选项卡，在"图表布局"组中单击"快速布局"下拉按钮，选择适当的布局样式，如图3-75所示。

⑨选择"设计"选项卡，在"图表布局"组中单击"添加图表元素"中的"坐标轴标题"，选择设置"主要横坐标轴"和"主要纵坐标轴"标题，如图3-76所示。也可以在"更多轴标题选项"中做进一步设置。

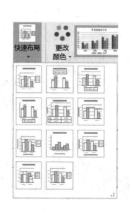

图3-75 "快速布局"下拉菜单

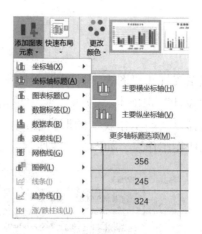

图3-76 "坐标轴标题"级联菜单

⑩选择"设计"选项卡，在"图表布局"组中单击"添加图表元素"中的"图例"，选择是否设置图例及其显示位置，如图3-77所示。也可以在"更多图例选项"中做进一步设置。

⑪选择"设计"选项卡，在"图表布局"组中单击"添加图表元素"中的"数据标签"，选择是否设置数据标签及显示位置，如图3-78所示。也可以在"其他数据标签选

项"中做进一步设置。

图 3-77 "图例"级联菜单　　　　图 3-78 "数据标签"级联菜单

⑫选择"设计"选项卡,在"图表布局"组中单击"添加图表元素"中的"数据表",选择设置"显示图例项标示",如图 3-79 所示。也可以在"其他模拟运算表选项"中做进一步设置。

⑬选择"设计"选项卡,在"图表布局"组中单击"添加图表元素"中的"坐标轴",设置横/纵坐标轴的显示方式,如图 3-80 所示。也可以在"更多轴选项"中做进一步设置。

图 3-79 "数据表"级联菜单　　　　图 3-80 "坐标轴"级联菜单

⑭选择"设计"选项卡,在"图表布局"组中单击"添加图表元素"中的"网格线",设置主轴网格线的显示方式,如图 3-81 所示。也可以在"更多网格线选项"中做进一步设置。

图 3-81 "网格线"级联菜单

⑮编辑后的图表如图 3-82 所示。

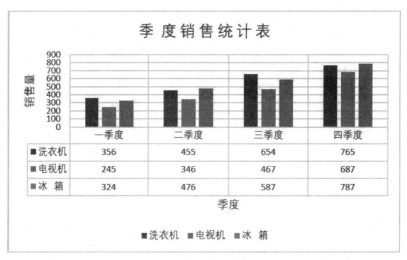

图 3-82 编辑后的图表

⑯保存此工作簿。

3.5.5 为图表添加趋势线

趋势线是用图形的方式显示数据的预测趋势并可用于预测分析，也称为回归分析。利用回归分析，可以在图表中扩展趋势线，根据实际数据预测未来数据。特定类型的数据具有特定类型的趋势线，要获得最精准的预测，必须选择最合适的趋势线。在添加趋势线前，首先要了解趋势线的类型及它们的应用范围。

1. 趋势线的类型

（1）线性趋势线

适用于简单线性数据集的最佳拟合直线。如果数据点构成的图案类似于一条直线，则表明数据是线性的。线性趋势线通常表示事物以恒定速率增加或减少。

（2）对数趋势线

如果数据的增加或减小速度很快，但又迅速趋近于平稳，那么对数趋势线是最佳的拟合曲线。对数趋势线可以使用正值和负值。

（3）多项式趋势线

多项式趋势线是数据波动较大时使用的曲线。它可用于分析大量数据的偏差。多项式的阶数可由数据波动的次数或曲线中拐点（峰和谷）的个数确定。二阶多项式趋势线通常仅有一个峰或谷，三阶多项式趋势线通常有一个或两个峰或谷，四阶通常多达三个。

（4）乘幂趋势线

乘幂趋势线是一种适用于以特定速度增加的数据集的曲线，例如赛车 1 s 的加速度。如果数据中含有零或负数值，则不能创建乘幂趋势线。

（5）指数趋势线

适用于速度增减越来越快的数据值。如果数据值中含有零或负值，则不能使用指数趋势线。

（6）移动平均趋势线

移动平均趋势线平滑处理了数据中的微小波动，从而更清晰地显示图案和趋势。其使用特定数目的数据点（由周期选项设置），取其平均值，然后将该平均值作为趋势线中的一个点。例如，如果周期设置为2，那么前两个数据点的平均值就是移动平均趋势线中的第一个点，第二个和第三个数据点的平均值就是趋势线的第二个点，依此类推。

2. 趋势线的添加方法

以“销售统计表.xlsx”工作簿中“趋势线”工作表“洗衣机”的各季度销售量为例，创建图表并为其添加趋势线。操作步骤如下：

①打开“销售统计表.xlsx”工作簿，在“趋势线”工作表中选择数据区A3:E3，创建折线形图表，如图3－83所示。

销售统计表				
	一季度	二季度	三季度	四季度
洗衣机	356	678	357	986
电视机	245	346	467	687
冰　箱	324	476	587	787

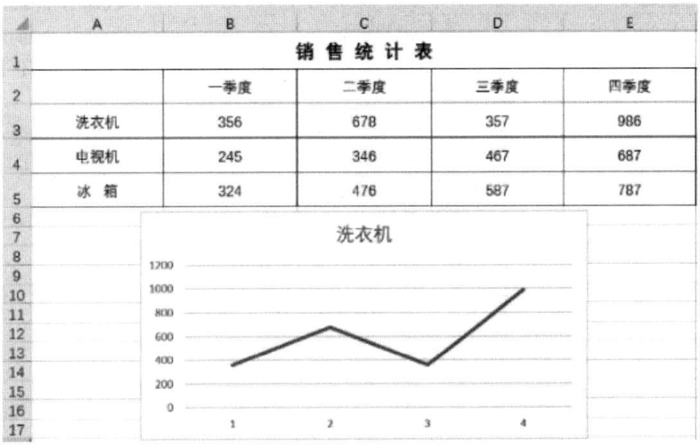

图3－83　洗衣机销售量图表

②在折线上单击鼠标右键，在弹出的快捷菜单中单击“添加趋势线”，如图3－84所示。

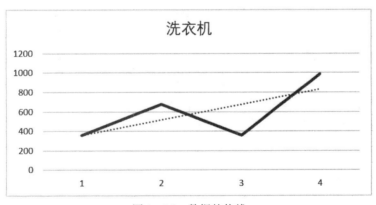

图3－84　数据趋势线

此时，在右侧弹出的“设置趋势线格式”对话框中可以看到“趋势线选项”中趋势线类型被默认设置为“线性”。

③保存工作簿。

3. 趋势线的设置

双击图表中的趋势线，可以在工作区窗口右侧弹出的"设置趋势线格式"对话框中对趋势线进行设置。"设置趋势线格式"对话框如图3-85所示。

图3-85 "设置趋势线格式"对话框

（1）趋势线选项设置

对话框默认打开"趋势线选项"，如图3-85所示。可以在此设置趋势线的类型、名称、趋势线预测等。

（2）填充与线条设置

单击"趋势线填充与线条"按钮 ，可以设置趋势线的类型、颜色、宽度和箭头等。

（3）趋势线效果设置

单击"趋势线效果"按钮 ，可以设置趋势线的阴影、发光和柔化边缘。

3.5.6 使用迷你图展示数据趋势

迷你图是一种适合放在工作表某个单元格内的小型图表，以某一系列值为数据源，通过简洁明了的表现方式来展现系列的数据变化趋势，也可以突出显示数列的最大值或最小值。

微课3-9
迷你图的创建

1. 迷你图的创建

以"销售统计表.xlsx"工作簿中"迷你图"工作表为例，创建每种电器销售量的迷你图。操作步骤如下：

①打开"销售统计表.xlsx"工作簿，在"趋势线"工作表中选择单元格区域B3:E5。

②单击"插入"选项卡，在"迷你图"按钮组中单击"折线"按钮（根据系列值特点，可以选择"柱形"或"盈亏"按钮），弹出"创建迷你图"对话框，如图3-86所示。

图 3-86 创建迷你图

③单击"位置范围"文本框后面的按钮,选择生成迷你图的区域为 F3:F5,也可以在其中直接输入"$F$3:$F$5",单击"确定"按钮,结果如图 3-87 所示。

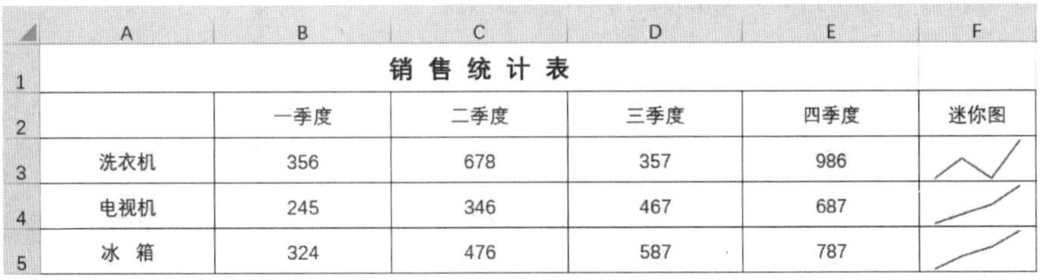

图 3-87 迷你图

④保存工作簿。

2. 迷你图的编辑

单击选中迷你图,在"迷你图工具"中单击"设计"按钮,显示所有迷你图编辑相关的按钮组,如图 3-88 所示。

图 3-88 迷你图"设计"选项卡

①编辑数据:单击"迷你图"中的"编辑数据"下拉按钮,出现下拉列表,如图 3-89 所示。可以编辑组位置和数据、编辑单个迷你图的数据、隐藏和清空单元格和切换行/列。

②更改类型:在"类型"按钮组中,可以更改迷你图的类型。

③设置标记点:在"显示"选项组中,可以设置迷你图的"高点""低点""首点"

"尾点"等。选中"高点""低点"和"标记",设置结果如图3-90所示。

图3-89 编辑迷你图数据

图3-90 迷你图

④设置颜色:在"样式"选项组中,可以设置迷你图的样式、颜色和标记颜色。

⑤设置组合:在"组合"按钮组中,可以设置迷你图的坐标轴、组合/取消组合,以及清除迷你图。

3.6 数据清单功能

使用Excel 2016进行数据处理与分析的基础工作是创建数据清单,有了数据清单,就可以对数据进行排序、筛选、分类汇总等操作。

3.6.1 数据清单的基本操作

1. 数据清单的定义

数据清单是工作表中由行、列数据组成的一个数据区域。一个完整的数据清单由字段、记录和构成。其中,字段是数据清单中的各列,工作表中该列第一行各单元格的值为字段名;从数据清单中第二行开始,每一行称为一个记录。

数据清单必须遵循以下规则:数据清单含有固定的列数,每列的数据类型相同的;数据清单中不能有空白的行或列。如图3-91所示,A2:D11单元格区域就是一个数据清单。

	A	B	C	D	E	F	G	H
1	序号	姓名	学号	高等数学	大学语文	思想政治	C语言程序	计算机网络
2	1	赵亮	19G61101	92	96	98	89	90
3	2	张爽	19G61102	95	91	87	90	92
4	3	李强	19G61103	88	58	89	91	80
5	4	周学庆	19G61104	84	69	77	69	93
6	5	刘畅	19G61105	92	89	93	89	91
7	6	许宏义	19G61106	90	56	90	92	86
8	7	马宁泽	19G61107	78	67	62	70	82
9	8	梁洁雪	19G61108	72	80	76	90	83
10	9	李鹏飞	19G61109	80	92	93	95	98
11	10	苏博	19G61110	67	78	79	73	88

图3-91 数据清单

2. 创建数据清单

创建数据清单时,可以用普通的输入方法向行列中逐个输入数据。值得注意的是,中间不能有空行或空列,否则,空行或空列之外的数据被看作是另一个数据清单中的数据。

3.6.2 数据排序

新建立的数据清单是按记录输入的先后排列的，没有什么规律。Excel 2016 提供了数据清单的排序功能，排序功能可以根据一列或多列单元格的值、单元格颜色等按升序、降序或按用户自定义的序列对记录进行排序。

微课 3-10
数据表排序

设置数据排序的操作步骤：

①选中要排序的数据清单。

②选择"开始"选项卡，在"编辑"组中单击"排序和筛选"下拉按钮，选择"升序"或"降序"命令，如图 3-92 所示，则按光标所在列数据升序或降序重新排列。

③若选择"自定义排序"命令，则打开"排序"对话框，主要关键字选择"总分"，排序依据默认为"单元格值"，次序选择"降序"，如图 3-93 所示。

图 3-92 排序和筛选

图 3-93 "排序"对话框

单击"确定"按钮，Excel 根据"学生成绩表"中的"总分"值，按从大到小的顺序将表中的记录重新排列。"总分"值最大的记录排在表格数据区的第一行，最小的排在最后，完成了对学生成绩表的排序，如图 3-94 所示。

	A	B	C	D	E	F	G	H	I
1					学 生 成 绩 表				
2	序号	姓名	学号	高等数学	大学语文	思想政治	C语言程序设计	计算机网络	总 分
3	1	赵亮	19G61101	92.0	96.0	98.0	89.0	90.0	465.0
4	9	李鹏飞	19G61109	80.0	92.0	93.0	95.0	98.0	458.0
5	2	张爽	19G61102	95.0	91.0	87.0	90.0	92.0	455.0
6	5	刘畅	19G61105	92.0	89.0	93.0	89.0	91.0	454.0
7	6	许宏义	19G61106	90.0	56.0	90.0	92.0	86.0	414.0
8	3	李强	19G61103	88.0	58.0	89.0	91.0	80.0	406.0
9	8	梁洁雪	19G61108	72.0	80.0	76.0	92.0	83.0	403.0
10	4	周学庆	19G61104	84.0	69.0	77.0	69.0	93.0	392.0
11	10	苏博	19G61110	67.0	78.0	79.0	73.0	88.0	385.0
12	7	马宁泽	19G61107	78.0	67.0	62.0	70.0	80.0	357.0

图 3-94 自定义排序结果

3.6.3 数据筛选

数据筛选是从数据清单中筛选出满足一定条件的数据子集。Excel 2016 提供了"筛选"和"高级筛选"命令来筛选数据。一般情况下，"筛选"能

微课 3-11
数据筛选

够满足大部分的需求，但当需要利用复杂的条件来筛选数据清单时，就必须使用"高级筛选"。

1. 筛选

如果想在工作表中只显示出满足给定条件的数据，可以使用筛选功能来达到此要求。

筛选的操作方法：选中要筛选的数据清单，选择"数据"选项卡，单击"排序和筛选"组中的"筛选"命令按钮，此时在数据清单的字段名旁边出现一个下三角按钮。单击要筛选字段的下三角按钮，在弹出的下拉列表框中选择要筛选的数据，如图3-95所示。

筛选满足一定条件的数据，在数字/文本筛选子菜单中选择某个命令，均会打开"自定义自动筛选方式"对话框。

以"学生成绩表"为例，统计"大学语文"成绩在80~90分（含80分）的所有记录信息。要进行如下操作：

①设置第一个筛选条件运算符，单击运算符列表框，在列表中选择"大于或等于"，在后面的文本框中输入"80"。

②逻辑运算关系运算符选择"与"。

③第二个筛选条件运算符设置为"小于"，输入值"90"，如图3-96所示。

图3-95 筛选数据

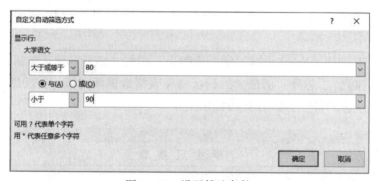

图3-96 设置筛选条件

④单击"确定"按钮。

Excel筛选出了"大学语文"成绩大于等于80和小于90的所有数据，结果如图3-97所示。

	A	B	C	D	E	F	G	H	I
2	序号	姓名	学号	高等数学	大学语文	思想政治	C语言程序设计	计算机网络	总分
6	5	刘畅	19G61105	92.0	89.0	93.0	89.0	91.0	454.0
9	8	梁洁雪	19G61108	72.0	80.0	76.0	92.0	83.0	403.0

图3-97 自定义筛选清单

如果要关闭筛选，恢复全部记录，再次单击"排序和筛选"组中的"筛选"按钮，取消筛选。

2. 高级筛选

如果筛选条件比较复杂,可以考虑使用高级筛选。高级筛选要求在数据清单之外的区域存放筛选条件,这个区域称为条件区域。因为在执行筛选时整行都将隐藏,所以不要把条件区域设定在数据清单的左边或右边,而应设置在数据清单的上方或下方,并且条件区域与数据清单区域之间有几个空行。

高级筛选的操作方法:在远离数据清单的位置建立条件区域,并输入筛选条件,如图 3-98 设置的条件区域 D14:D15 位于数据清单的下方,筛选条件是"大学语文 >=90"。选中要筛选的数据清单区域 A2:I12,选择"数据"选项卡,单击"排序和筛选"组中的"高级"按钮,打开"高级筛选"对话框,在该对话框中选择或输入列表区域和条件区域。图 3-99 所示的"高级筛选"对话框中设置的列表区域是 $A$2:$I$12,条件区域是 $D$14:$D$15。

图 3-98 条件区域设置　　　　图 3-99 "高级筛选"对话框

选择"在原有区域显示筛选结果"单选按钮时,在数据清单位置隐藏不满足条件的行,即在数据清单位置显示筛选结果;选择"将筛选结果复制到其他位置"单选按钮时,"复制到"文本框变为可用,在该文本框中输入要复制到区域的左上角单元格名称(使用绝对引用),将筛选结果复制到该区域。单击"确定"按钮,显示筛选结果。图 3-100 所示为一个在原有位置显示的筛选结果。

图 3-100 高级筛选结果

若要恢复全部记录,则应单击"排序和筛选"组中的"清除"按钮,显示数据清单的全部数据。

3.6.4 数据分列

数据分列是指依据某列数据中的分隔符号（如制表符、逗号、空格等）或固定宽度将该列中所有单元格的数据分割成两个或多个列的操作，以实现对列数据进行数据拆分。实现数据分列的操作步骤如下：

①创建工作簿"电脑配件统计表.xlsx"，输入数据，其中"数量"列中数字与后面的单位中间用空格分隔，如图3-101所示。

②选中 C3:C8 单元格区域。

③选择"数据"选项卡，单击"分列"按钮，出现"文本分列向导"窗口，如图3-102所示。

图3-101 需要分列的工作表

微课3-12
分列

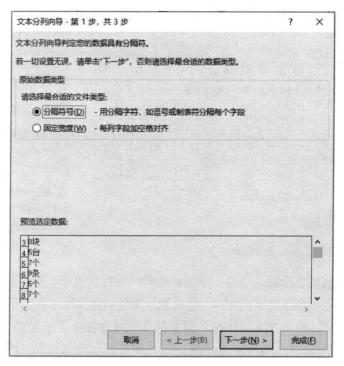

图3-102 "文本分列向导"窗口

④此例中，C3:C8 单元格区域中的数字与后面的单位用空格分开，如"8 块"，所以"原始数据类型"项设置为默认的"分隔符号"。若其间没有任何分隔符号，则需要设置为"固定列宽"。

⑤单击"下一步"按钮。

⑥将"文本分列向导"第2步对话框中的"分隔符号"项设置为"空格"，如图3-103所示。若需分列的两个数据之间是用其他分隔符分开的，此处应选择对应的分隔符号。

⑦单击"下一步"按钮。

⑧将"文本分列向导"第3步对话框中的"列数据格式"项设置为"常规"，如图3-

104 所示。若将"列数据格式"设为"文本",则分列后的原列与分出列的数据都为文本型。

图 3-103 "文本分列向导"第 2 步设置

⑨单击"完成"按钮,结果如图 3-105 所示。

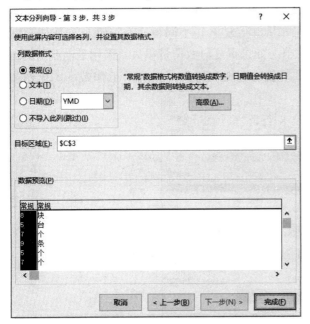

图 3-104 文本分列向导第 3 步设置

图 3-105 数据分列结果

【注意】若采用“固定列宽”的分隔类型，“文本分列向导”第 2 步对话框如图 3－106 所示，系统自动建立了分列线。可以根据需要建立、清除、移动分列线。两种分列方法结果一致。

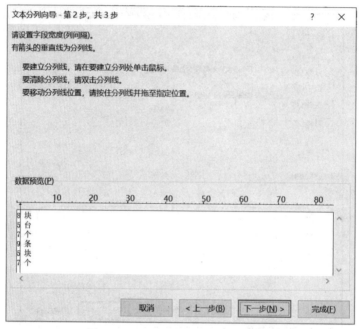

图 3－106　“文本分列向导”第 2 步

3.6.5　删除重复值

由于某些原因，工作表中可能会存在大量的重复值（不同行所有或部分列数值相同），为了保证数据的唯一性，需要删除重复的值。如果重复值数据量很大，采用手动删除的方式将会十分困难。Excel 2016 提供了删除重复值的功能，这大大提高了工作效率。操作步骤如下：

①打开含有重复值的工作表，如第 8 行除了“序号”以外，“数量”和“单位”都与第 5 行重复，如图 3－107 所示。

	A	B	C	D
1	电脑配件统计表			
2	序 号	配 件	数 量	单 位
3	1	主板	8	块
4	2	显示器	5	台
5	3	机箱	7	个
6	4	内存	9	条
7	5	CPU	5	块
8	6	键盘	7	个
9	7	显示器	5	台
10	8	CPU	5	块
11	9	机箱	7	个
12	10	键盘	7	个
13	11	内存	9	条
14	12	CPU	5	块
15	13	键盘	7	个

图 3－107　含有重复值的工作表

②单击打开“数据”选项卡。

③选择 A3:D15 单元格区域。

④单击“数据工具”按钮组中的“删除重复数据”，弹出“删除重复值”对话框，如图 3－108 所示。

⑤列表中显示出工作表的标题行的所有标题，默认为选中状态，在此表中，“序号”列的值是不重复的，所以单击“序号”前面的选框，取消选中状态，如图 3－109 所示。

图 3-108 "删除重复值"对话框

图 3-109 设置后的"删除重复值"对话框

【注意】可以单击"取消全选"按钮，手动选择要删除的重复值。或先前选择的数据区域包括标题行第 2 行，那么"数据包含标题"选项为可修改状态，取消选择时，对话框中显示的是列名，不带列标题。

⑥单击"确定"按钮，结果如图 3-110 所示。

3.6.6 分类汇总

分类汇总是以某个字段为依据，对数据表中选中区域的值进行求和、计数、求平均值等操作过程。分类汇总通常包含一个分类字段和一到多个汇总项、一种汇总方式，汇总结果显示在数据清单位置。

微课 3-13
分类汇总

下面以"员工销售商品统计表"数据清单为例，实现按"时间"汇总"数量"总和，如图 3-111 所示。操作步骤如下：

图 3-110 删除结果　　　　图 3-111 "员工销售商品统计表"数据清单

①选中要进行分类汇总的 A2:D14 单元格区域。

②单击"数据"选项卡"分级显示"按钮组的"分类汇总"按钮，弹出"分类汇总"对话框。

③单击"分类汇总"对话框"分类字段"下拉列表中的"时间"字段。使用同样的操作方法，选择"汇总方式"为"求和"，在"选定汇总项"中选择"数量"，如图 3-112 所示。

④单击"确定"按钮，显示汇总结果，如图 3-113 所示。从图中可以看出，分类汇总的结果显示在原数据清单位置，窗口左侧出现分级显示区，单击该区的折叠按钮"＋"或

"-",可以展开或折叠数据。

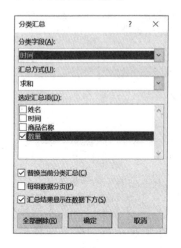

图3-112 "分类汇总"对话框　　图3-113 分类汇总清单

若要取消分类汇总,则在"分类汇总"对话框中单击"全部删除"按钮即可。

3.6.7 合并计算

微课3-14
合并计算

Excel 的合并计算是指将选定的多个不同表格中的数据,根据需求函数设定的功能计算到一个表格中,并且能够按项目匹配。多个表格可以是一个工作表中的,也可以是不同的工作表中的,甚至是不同工作簿中的。

在本节中,以工作簿"销售统计表.xlsx"为例,来学习数据合并计算的操作方法。此工作簿中包含"2018年销售统计"和"2019年销售统计"两个工作表,要将这两个工作表的数据汇总到工作表"汇总表"中。实现步骤如下:

①打开工作簿"销售统计表.xlsx",并选择工作表"汇总表"。

②在工作表"汇总表"中单击选中 A1 单元格。

③单击"数据"选项卡,在"数据工具"按钮组中单击"合并计算"按钮,弹出"合并计算"对话框,如图3-114所示。

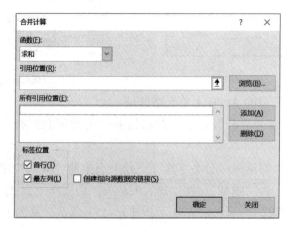

图3-114 "合并计算"对话框

④在"函数"下拉列表中选择"求和"。

⑤单击"引用位置"文本框后面的 ↑ 接钮,弹出"合并计算 – 引用位置"文本框。

⑥单击工作表"2018年销售统计",选择单元格区域A2:E5,单击 按钮,弹出"合并计算"对话框,如图3 – 115所示。

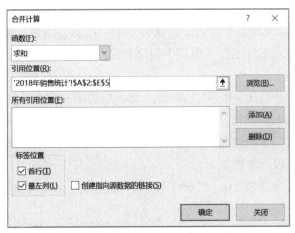

图3 – 115 "合并计算"对话框1

⑦单击"所有引用位置"列表框后的"添加"按钮。

⑧单击工作表"2019年销售统计",选择单元格区域A2:E5,单击 按钮,弹出"合并计算"对话框,如图3 – 116所示。

图3 – 116 "合并计算"对话框2

⑨单击选择"标签位置"中的"首行""最左列"复选框。

⑩单击"确定"按钮,合并结果如图3 – 117所示。

⑪保存并关闭工作簿。

【注意】若要对多个表中的数据求平均值,需要在图3 – 114所示对话框中的"函数"中选择"平均值"。

图3 – 117 合并计算结果

3.6.8 使用方案分析数据

在企业的生产经营活动中，由于市场不断变化，企业的生产销售会受到各种因素的影响。企业需要评估这些因素，并分析其对企业的影响，从而找到解决问题的办法。利用 Excel 2016 提供的模拟分析工具“方案管理器”，可以方便地进行方案数据分析。

方案是保存在 Excel 工作表中并可以自动替换的一组值，用户可以使用方案来预测工作模型输出的结果，同时，还可以在工作表中创建并保存不同的数值组，然后切换到任意新方案，以查看不同的结果。

例如，某企业生产产品 A、B、C，在 2019 年的销售额分别为 200 万元、400 万元、300 万元，生产成本分别为 120 万元、200 万元、160 万元。根据市场预测，2020 年产品销售有好、一般和差三种情况，每种情况的销售额与生产成本增长率已输入工作表中，根据这些资料来创建方案、分析步骤。步骤如下：

①新建工作簿“方案分析.xlsx”，将工作表名称改为“最优方案分析”，制作表格、输入数据，如图 3－118 所示。

2019年产品销售情况

产 品	销售额（万元）	生产成本	利 润
A	200	120	80
B	400	200	200
C	300	160	140
合计	900	480	420

2020年品预计销售情况

情况	产 品	销售增长率	生产成本增长率
好	A	12%	7%
	B	15%	9%
	C	8%	4%
一般	A	10%	8%
	B	9%	6%
	C	6%	3%
差	A	7%	5%
	B	5%	3%
	C	2%	1%

2020年方案计算分析

产 品	销售增长率	生产成本增长率
A		
B		
C		
总销售利润		

图 3－118 方案分析数据

②利用乘积函数公式 SUMPRODUCT，填好总销售利润的计算方式，在单元格 G6 中输入公式“＝SUMPRODUCT(B3:B5,G3:G5＋1)－SUMPRODUCT(C3:C5,1＋H3:H5)”。

③为了使后面应用各增长率方便，先定义各增长率单元格的名称、引用位置信息。分别定义 A、B、C 三种产品的销售增长率和生产成本增长率，如图 3－119 所示。

④单击“数据”选项卡，在“预测”按钮组中单击“模拟分析”按钮，在弹出的快捷列表中单击打开“方案管理器”，创建方案的方法如图 3－120 所示。创建三个方案，如图 3－121 所示。

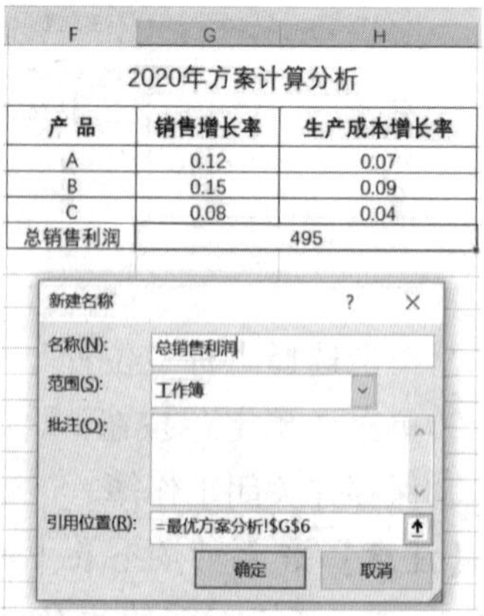

图 3－119 单元格名称的定义

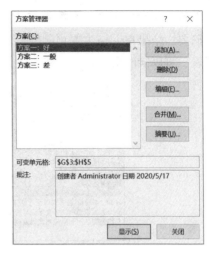

图3-120 创建方案　　　　　图3-121 三种方案

⑤输入各方案变量（增长率）值，如图3-122所示。

图3-122 方案变量值

⑥在"方案管理器"中选择某种方案，单击"显示"按钮，可以显示该方案2020年的销售业绩分析结果，如图3-123所示。

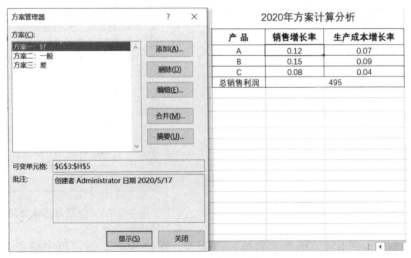

图3-123 方案分析结果

⑦每次显示一个方案结果不直观，可以使用“方案管理器”中的摘要功能来创建报表类型摘要，结果单元格为要预测的总销售利润 G6 单元格，单击“确定”按钮，生成方案摘要报表，可以同时显示好、一般、差三种情况的分析预测结果，如图 3－124 所示。

方案摘要				
	当前值:	方案一 好	方案二 一般	方案三 差
可变单元格:				
产品A销售增长率	0.12	0.12	0.1	0.07
产品A生产成本增长率	0.07	0.07	0.08	0.05
产品B销售增长率	0.15	0.15	0.09	0.05
产品B生产成本增长率	0.09	0.09	0.06	0.03
产品C销售增长率	0.08	0.08	0.06	0.02
产品C生产成本增长率	0.04	0.04	0.03	0.01
结果单元格:				
总销售利润	495	495	468	446

注释："当前值"这一列表示的是在
建立方案汇总时，可变单元格的值。
每组方案的可变单元格均以灰色底纹突出显示。

图 3－124　方案摘要

微课 3－15
用模拟运算
分析数据

3.6.9　使用模拟运算分析数据

Excel 不仅可以进行数据的录入、数据的实时分析，还可以利用模拟运算分析数据。通过建立模拟运算表，设定运算公式，来计算显示运算结果。一般采用单变量模拟运算，最多可以容纳 2 个变量，即“输入引用行的单元格”和“输入引用列的单元格”。

常常用来分析定额存款模拟运算表和定额贷款月还款模拟运算表。下面以定额贷款月还款为例，模拟运算分析不同贷款年限的还款金额。

①创建“还款金额模拟运算.xlsx”，并输入如图 3－125 所示值。

②选中 B6 单元格，输入公式“＝－PMT($B$3/1200,A6*12,$B$2)”，计算出 1 年期月还款金额，如图 3－126 所示。

	A	B
1	贷款数据	
2	贷款金额（元）	1,000,000.00
3	利率（%）	4.90%
4	还款计划	
5	贷款年限（年）	月还款（元）
6	1	
7	2	
8	3	
9	4	
10	5	
11	6	
12	7	
13	8	
14	9	
15	10	

图 3－125　还款计划表

	A	B
1	贷款数据	
2	贷款金额（元）	1,000,000.00
3	利率（%）	4.90
4	还款计划	
5	贷款年限（年）	月还款（元）
6	1	85,561.66
7	2	
8	3	
9	4	
10	5	
11	6	
12	7	
13	8	
14	9	
15	10	

图 3－126　年期月还款金额

③选中选区 A6 到 B15，单击“数据”选项卡，在“预测”按钮组中单击“模拟分析”按钮，在下拉快捷列表中单击“模拟运算表”。弹出“模拟运算表”对话框，将“输入引用

列的单元格"设为"$A$6",如图 3-127 所示。

④单击"确定"按钮,模拟运算结果如图 3-128 所示。Excel 根据 B6 单元格计算的 1 年期月还款金额数,通过模拟运算表,模拟运算出 2~10 年的月还款金额。

图 3-127　模拟运算表　　　　图 3-128　模拟运算结果

⑤保存并关闭工作簿。

【注意】在 B6 单元格中输入的函数为 PMT(Rate, Nper, Pv, Fv, Type),是用来计算在固定利率下贷款等期偿还额的财务函数。其中,Rate 参数为固定利率;Nper 为还款期限;Pv 为贷款金额。

3.6.10　数据透视表

数据透视表也是一种分类汇总,可按多个字段进行分类汇总。下面以"员工销售统计表"为例,创建数据透视表,显示上半年和下半年的数量总和。具体操作方法如下:

①打开"员工销售统计表.xlsx"工作簿,在打开的"员工销售统计"表中单击选中 G1 单元格。

②单击"插入"选项卡下"表格"按钮组中的"数据透视表"按钮,打开"创建数据透视表"对话框。

③单击"表/区域"文本框后面的"选择数据区"按钮,选择数据区为 A2:D14;默认"选择放置数据透视表的位置"设置为"现有工作表",位置为"员工销售统计表!$G$1",如图 3-129 所示。也可以将数据透视表放置在一个新工作表中,其他默认设置。

④单击"确定"按钮,工作表如图 3-130 所示。

图 3-129　创建数据透视表

图 3-130 数据透视表

⑤单击窗口右侧"数据透视表字段"中要添加到透视表的字段前面的复选框，选择要添加的字段，本例中选择所有字段。结果如图 3-131 所示。

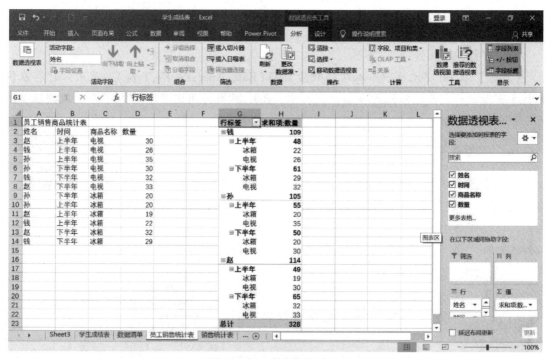

图 3-131 数据透视表 1

⑥在"数据透视表字段"列表中将"时间"字段拖放到"列标签"中，结果如图 3-132 所示。

⑦保存并关闭工作簿。

图 3－132　数据透视表 2

3.6.11　使用表对象

Excel 可以使用对象链接或嵌入（OLE）功能，将其他应用程序如 Word、PowerPoint 等文档嵌入工作表中，可以调用对象程序来编辑对象，以丰富工作内容。

1. 在工作表中嵌入对象

①打开工作表，单击要嵌入对象的单元格。

②在"插入"选项卡"文本"按钮组中单击"对象"按钮，弹出"对象"对话框，如图 3－133 所示。

③有两种嵌入方式：一种是"新建"，在对象插入对话框上单击"新建"选项卡，在"对象类型"中选择要插入的对象类型。可以在打开的对象应用程序中编辑并保存该对象，如图 3－134 所示。

另一种是"由文件创建"，直接插入其他类型文件，如图 3－135 所示。

④单击"浏览"按钮，选择所要嵌入的文件即可，如图 3－136 所示。

⑤保存并关闭工作簿。

2. 插入文件的链接

①重复"1. 在工作表中嵌入对象"中的第①～④步，在"对象"对话框的"由文件创建"选项卡中单击"链接到文件"，如图 3－137 所示。

图 3-133　对象嵌入

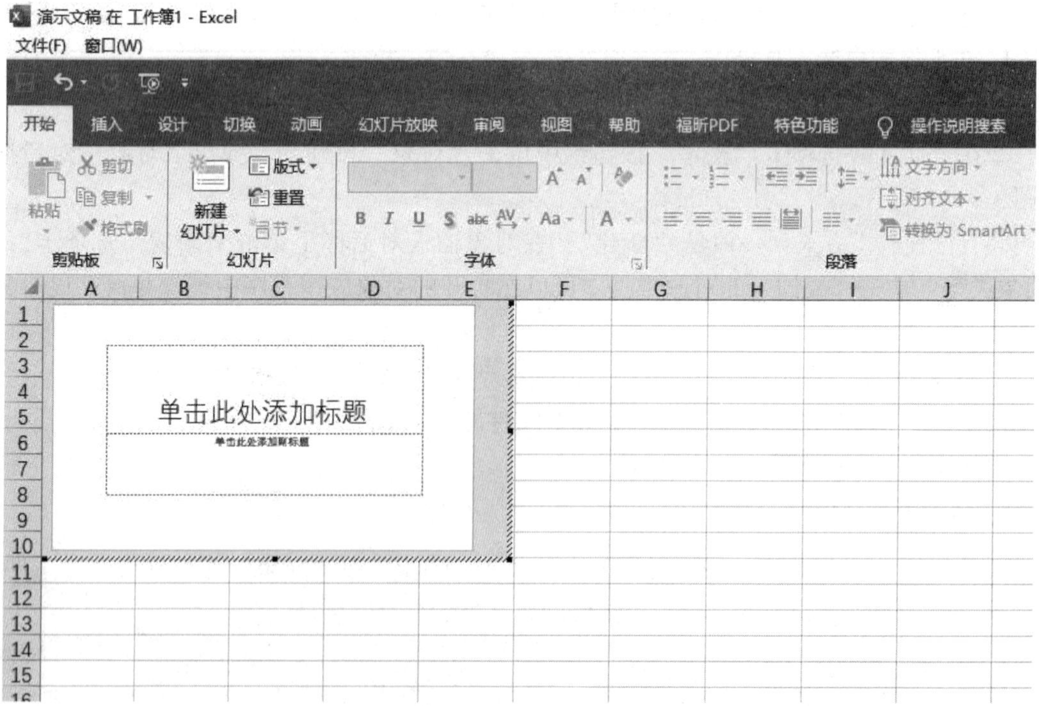

图 3-134　嵌入对象的编辑

第3章 Excel 2016电子表格

图 3-135 嵌入文件

图 3-136 嵌入的文件

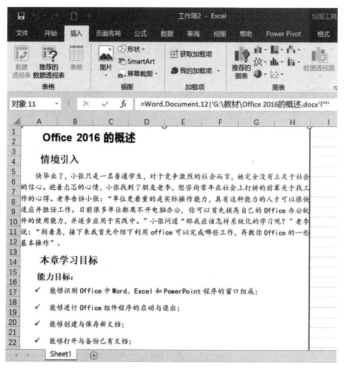

图 3-137 链接到文件

②保存工作簿。

【注意】此时在工作表编辑栏中显示的信息为"= Word. Document. 12 | 'G: \ 教材 \ Office 2016 的概述.docx'! ''''"。以链接的方式嵌入的文件不包含在此工作簿文件中,若要移动此文件,需要连同嵌入的链接文件一起拷贝,并且文件路径也应改变。

3.7 页面布局设置与预览打印

3.7.1 页面布局设置

一般在创建工作表的同时,会根据工作表数据的特点、打印输出的要求等因素对工作表进行页面布局设置,这样可以在编辑的过程中尽可能地根据打印输出的要求设计表格、图表的大小,排列和布局工作表对象,以免重新调整而浪费时间和精力。

页面布局设置包括如下几个方面的设置:

1. 页面设置

打开"页面布局"选项卡,在"页面设置"组中单击"对话框启动器"按钮,打开"页面设置"对话框。在"页面"选项卡中进行工作表的页面设置,如图 3-138 所示。

①方向:设置工作表页面方向,根据实际需要选择"纵向"或"横向"。

②缩放:"缩放比例",可以手动设置工作表的缩放比例;"调整为",可以根据工作表的"页宽"或"页高"自动调整缩放比例。

③纸张大小：设置打印输出纸张的大小。可根据打印输出需要或打印机打印幅面进行设置，默认为"A4"。

④打印质量：设置打印字符的密度。通常打印质量越高，打印文档的速度就越慢。

⑤起始页码：设置打印的起始页码。页码是基于页眉或者页脚的页码。

练习14：页面设置。

在实际工作中，经常需要打印工作表，打印之前，要对工作表进行页面设置。页面设置包括页面"方向""缩放""纸张大小"等设置。通过下面的练习可以进一步掌握页面设置的方法。

①打开"学生成绩表.xlsx"，并选择"学生成绩表"工作表。

②选择"页面布局"选项卡，在"页面设置"组中单击"对话框启动器"按钮，打开"页面设置"对话框。

图3-138 "页面设置"对话框

③如有需要，选择"页面"选项卡。

④在"方向"选项组中选中"横向"单选按钮。

⑤确定纸张大小为"A4"，单击"打印预览"按钮，如图3-139所示。

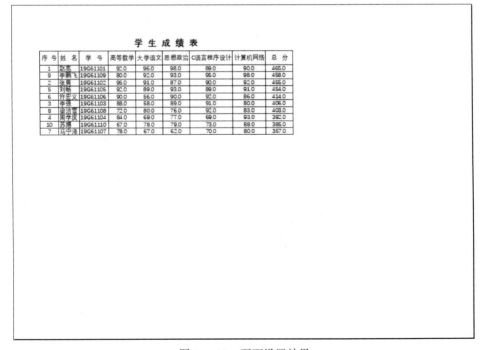

图3-139 页面设置效果

2. 页边距设置

打开"页面布局"选项卡,在"页面设置"组中单击"对话框启动器"按钮,打开"页面设置"对话框,单击"页边距"标签,如图3-140所示。在此,可以完成如下设置:

①上、下、左、右边距:页边距是指工作表中文字、图表等元素到页面边际的距离,默认以厘米为单位。可以按需要调整大小。

②页眉、页脚:可以设置工作表页眉、页脚的高度,默认以厘米为单位。

③居中方式:工作表内文字、图表等元素的相对于页面的对齐方式,有"水平"和"垂直"两种。

练习15:页边距设置。

按下面的操作步骤练习页边距设置:

①打开"学生成绩表.xlsx",并选择"学生成绩表"工作表。

②选择"页面布局"选项卡,在"页面设置"组中单击"对话框启动器"按钮,打开"页面设置"对话框。

③选择"页边距"选项卡。

④将上、下、左、右边距值均设为"2",页眉、页脚值设为"1"。

⑤在"居中方式"选项组中单击"水平"复选框,如图3-141所示。

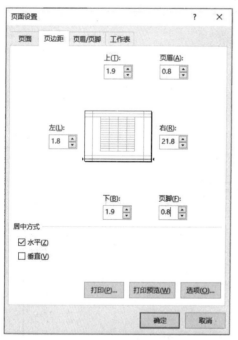

图3-140 "页面设置"对话框

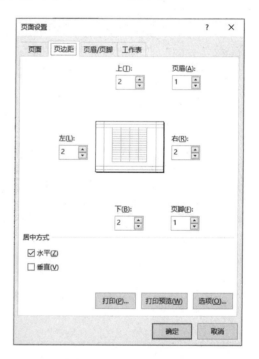

图3-141 设置页边距

⑥单击"打印预览"按钮,查看设置的效果,如图3-142所示。

⑦单击"确定"按钮。

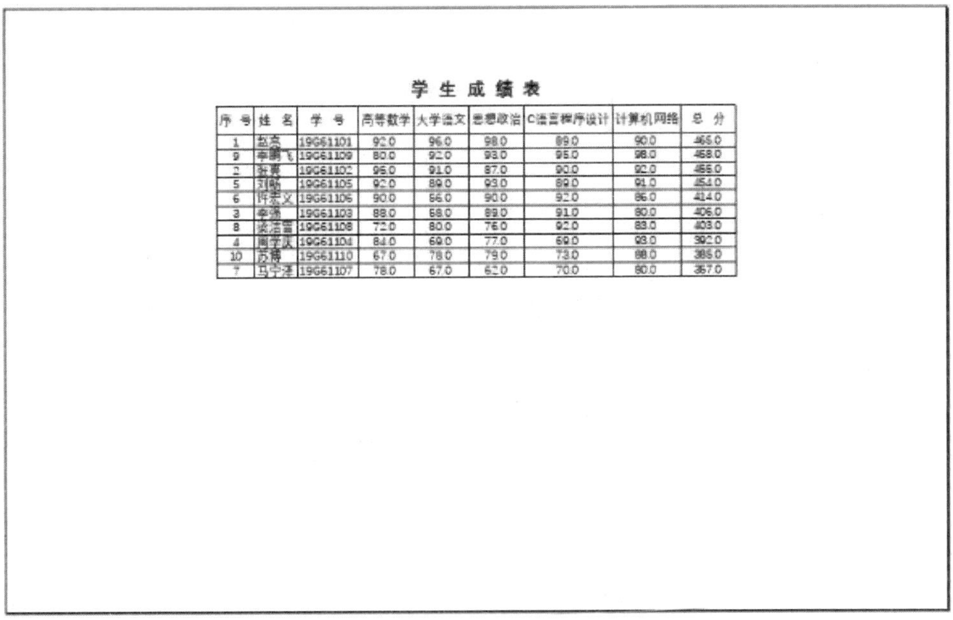

学 生 成 绩 表

序号	姓名	学号	高等数学	大学语文	思想政治	C语言程序设计	计算机网络	总分
1	赵亮	19G61101	92.0	96.0	98.0	89.0	90.0	465.0
9	李鹏飞	19G61109	80.0	92.0	93.0	95.0	98.0	458.0
2	张勇	19G61102	95.0	91.0	87.0	90.0	92.0	455.0
5	刘畅	19G61105	92.0	89.0	93.0	89.0	91.0	454.0
6	许宏义	19G61106	90.0	56.0	90.0	92.0	86.0	414.0
3	李强	19G61103	88.0	58.0	89.0	91.0	80.0	406.0
8	谈洁雷	19G61108	72.0	80.0	76.0	92.0	83.0	403.0
4	周宇庆	19G61104	84.0	69.0	77.0	69.0	93.0	392.0
10	苏博	19G61110	67.0	78.0	79.0	73.0	88.0	385.0
7	马宁泽	19G61107	78.0	67.0	62.0	70.0	80.0	357.0

图 3－142　打印预览效果

3. 页眉/页脚设置

页眉是页面顶部的一段空间，通常用来显示文档的附加信息，如文档的标题、作者等；页脚同页眉类似，是页面底部的一段空间，通常加入文档的页码等信息。默认页眉和页脚是空白的。

打开“页面布局”选项卡，在“页面设置”组中单击“对话框启动器”按钮，打开“页面设置”对话框，单击“页眉/页脚”标签，如图 3－143 所示。

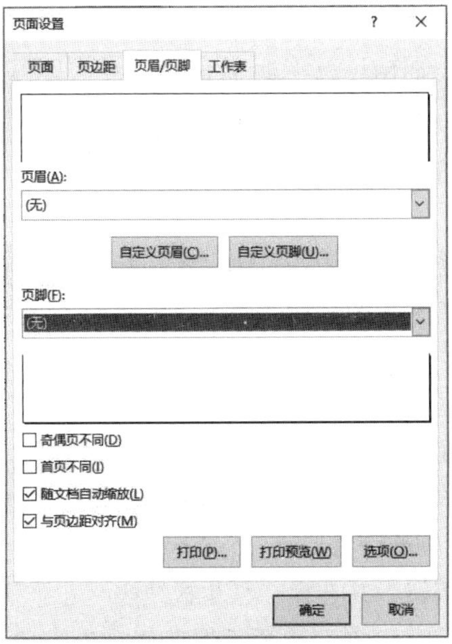

图 3－143　“页眉/页脚”标签

Excel 提供了几个标准的页眉和页脚信息选项,用户也可以自己创建。当单击"自定义页眉"按钮时,将会弹出如图 3-144 所示的对话框。

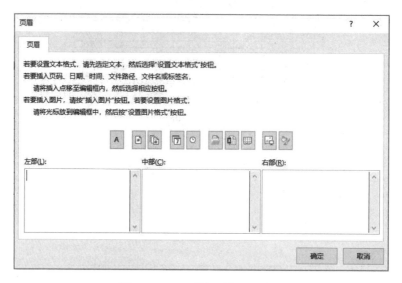

图 3-144 "页眉"设置对话框

页眉和页脚包含左、中和右 3 个部分。可使用下面的按钮将常用的符号插入页眉和页脚区域。

字体:改变 3 个部分文字的字体和字号。

页码:使页眉或者页脚的选中部分显示页码,使用代码"&[页码]"。页码自动从 1 开始,除非在"页面"选项卡中改变起始页码。

页面总数:使用代码"&[总页数]"显示打印的总页数。它经常和页码代码一起使用(如"第 1 页,共 4 页")。

日期:插入当前日期,使用代码"&[日期]"。

时间:插入当前时间,使用代码"&[时间]"。

路径和文件:插入当前路径和文件名称到页眉或页脚,使用代码"&[路径]&[文件]"。

文件名:插入文件的名称到页眉或页脚,使用代码"&[文件]"。

数据表名:插入当前工作表的名称,使用代码"&[标签名]"。

图片:插入图片到页眉或页脚,使用代码"&[图片]"。

图片格式:改变图片的属性。

练习 16:页眉/页脚设置。

页眉和页脚是独立于工作表数据的,只有预览或打印时才显示页眉和页脚。通过下面的练习可以进一步了解页眉/页脚的设置。

① 打开"学生成绩表.xlsx",并选择"学生成绩表"工作表。

② 选择"页面布局"选项卡,在"页面设置"组中单击"对话框启动器"按钮,打开"页面设置"对话框,单击"页眉/页脚"标签。

③单击"页眉"的下拉按钮,选择预设的页眉格式,如"学生成绩表"的显示效果。

④单击"页脚"的下拉按钮,选择预设的页脚格式:(<用户名>,第1页,<今天的日期>),其余设置默认。

⑤单击"打印预览"按钮,可以看到每个页面上都有标准的页眉和页脚,如图 3 – 145 所示。

图 3 – 145　页眉/页脚显示效果

⑥关闭打印预览。

⑦保存并关闭文件。

4. 工作表设置

使用"工作表"选项卡可以改变与打印相关的各种设置,包括选择打印区、设置打印标题、网格线打印、打印顺序等,如图 3 – 146 所示。具体设置含义如下:

①打印区域:选择要打印的工作表区域。如果为空,将打印整个工作表。

②打印标题:每个页均打印设定的行或列的标题。

③打印:控制打印的网格线、行和列标题、打印质量及是否单色打印。

④打印顺序:改变多页打印的顺序。

【注意】如果从"打印预览"窗口中打开"页面设置"对话框,那么 Excel 不允许改变工作表的打印区域和打印标题配置。在"打印预览"模式下只能确定这些选项是有用的,需要关闭"打印预览"模式,然后再改变工作表的配置。

3.7.2 打印预览与打印输出设置

尽管对工作表页面做了详细的设置，但为了确保万无一失，在打印之前，应先在屏幕上进行打印预览，以查看打印效果。如果有设置不当的地方，可以及时修改，然后再打印。

根据对纸质工作表的要求，在打印之前，需要做打印输出设置。

1. 打印预览

启动打印预览有如下两种方法：

①选择"文件"选项卡"打印"命令。

②打开要打印预览的工作表，按快捷键 Ctrl + P，打印预览窗口如图 3 – 147 所示。

窗口右半部为预览效果，即打印到纸张上的效果。若此工作表有多个页，此处显示的是第一页的预览效果，可以通过预览窗口下方的预览页文本框输入要预览的页。一般情况下，需要对所有页进行预览，以防某一页出现问题。

图 3 – 146 工作表设置

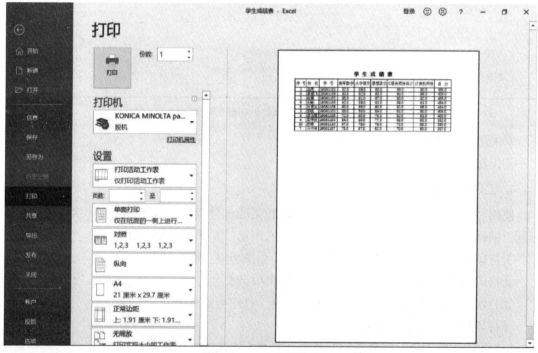

图 3 – 147 打印预览窗口

2. 打印输出设置

根据打印输出的要求，在正式打印之前，可能需要对打印输出进行设置，以便得到想要的打印输出效果。一般包括如下几个方面的设置：

①在"打印"标签下的"打印机"下拉列表中可以选择要使用的打印机。

②在打印之前，在"份数"微调钮中设置打印份数。

③在"设置"中可以设置打印范围，支持选择"活动工作表""整个工作簿"和"选定打印区域"，也可设置打印的页码范围，还可以设置打印方式、出纸顺序。

④关于打印的纸张方向、纸张大小、页边距、缩放的设置方法，可以参照 3.1 节的内容。

【注意】工作表中图表的打印预览和打印基于它在工作表中的位置。可以将其移动到新的工作表中，或者在数据和图表之间添加分页符；如果使用黑白打印机，图表将被打印出不同的灰度，只有使用彩色打印机才能打印出彩色图表。

练习 17："打印区域"和"打印标题"的设置。

按下面的操作步骤练习"打印区域"和"打印标题"的设置：

①打开"学生成绩表.xlsx"，并选择"学生成绩表"工作表。

②选择"页面布局"选项卡，在"页面设置"组中单击"对话框启动器"按钮 ⬚，打开"页面设置"对话框，单击"工作表"标签。

③单击"打印区域"文本框右侧的 ⬚ 按钮。

④选择打印区域为 A1:I12。

⑤单击"顶端标题行"文本框或右侧的按钮，选择区域为第一行。

⑥单击 ⬚ 按钮，返回到"页面设置"对话框。

⑦选中"网格线"复选框，然后单击"确定"按钮。

⑧单击"打印预览"按钮，查看工作表的打印效果，如图 3 – 148 所示。

⑨关闭"打印预览"窗口。

3.7.3 打印

通过对工作表的页面布局设置、打印设置，对打印预览的效果满意，并确定做好打印的前期准备后，就可以打印工作表了。可使用下列方法之一来打印工作表：

微课 3 – 17
数据表的
预览和打印

- 选择"文件"→"打印"命令，单击"打印"按钮。
- 按 Ctrl + P 组合键，单击"打印"按钮。

练习 18：打印预览。

为了熟练地使用打印预览功能，充分地掌握各项打印设置的操作方法，在打印工作表前，要进行必要的练习，练习步骤如下：

①打开已有"学生成绩表.xlsx"工作簿，并打开"学生成绩表"工作表。

②将数据多复制几遍，变成多页。

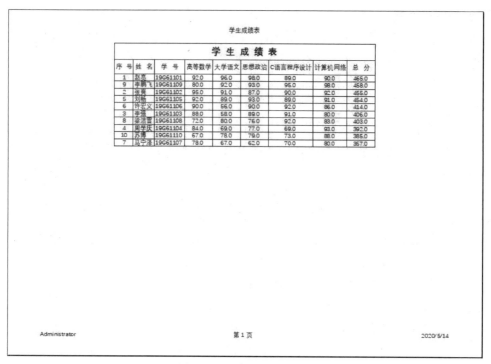

图 3-148 打印预览效果

③选择"文件"选项卡中的"打印"命令。

④完成打印机的选择、打印范围、打印版式、纸张选择等设置，分别查看不同的预览效果。由于是多页，屏幕下方显示共几页，当前在第几页，如图 3-149 所示。

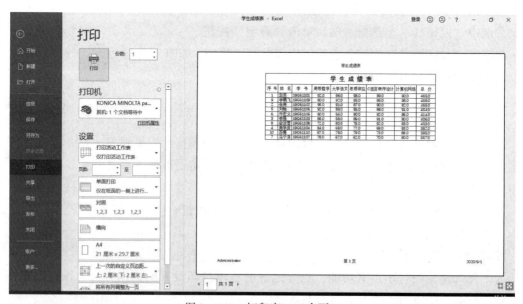

图 3-149 打印窗口（多页）

⑤不保存任何修改，关闭工作簿。

3.8 Excel 使用技巧

3.8.1 不同的文件扩展名

Excel 2016 版本的工作簿与早期版本工作簿在文件格式上发生了较大改变,文件扩展名也有所不同。表 3-2 对不同版本的文件扩展名进行了对比。

表 3-2 不同版本的文件扩展名对比

文件类型	Excel 97—2003 版本扩展名	Excel 2016 版本扩展名
工作簿	.xls	.xlsx
模板	.xlt	.xltx
加载宏	.xla	.xlam
工作区	.xlw	.xlw
启用宏的工作簿	无	.xlsm
启用宏的模板	无	.xltm
二进制工作簿	无	.xlsb

3.8.2 简体/繁体转换

使用 Excel 2016 内置的简体/繁体转换功能,可以快速实现简体中文与繁体中文的转换。选择需要转换的单元格区域,或整张工作表,或所有工作表,单击"审阅"选项卡中的"简转繁"命令,可实现单元格区域,或整张工作表,或整个工作簿的简体/繁体转换。

由于"繁转简"或"简转繁"命令执行后不可撤销,使用此命令前要进行文件备份。

3.8.3 隐藏单元格中的公式和数据

1. 隐藏单元格中的公式

步骤1:选中需要隐藏公式的单元格 I3,按 Ctrl+1 组合键打开"设置单元格格式"对话框,在"保护"选项卡中勾选"隐藏"复选框,并确定,如图 3-150 所示。

步骤2:在"审阅"选项卡中单击"保护工作表"按钮,在弹出的对话框中输入两次密码。

步骤3:隐藏公式后,再选中单元格 I3,编辑栏中不再显示对应的公式,如图 3-151 所示。

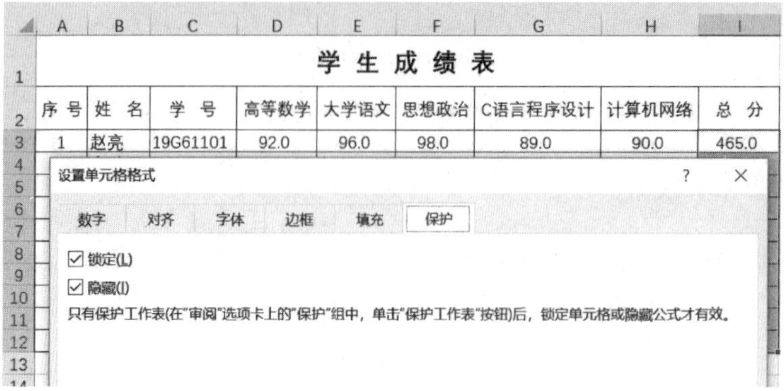

图 3 – 150　设置隐藏公式属性

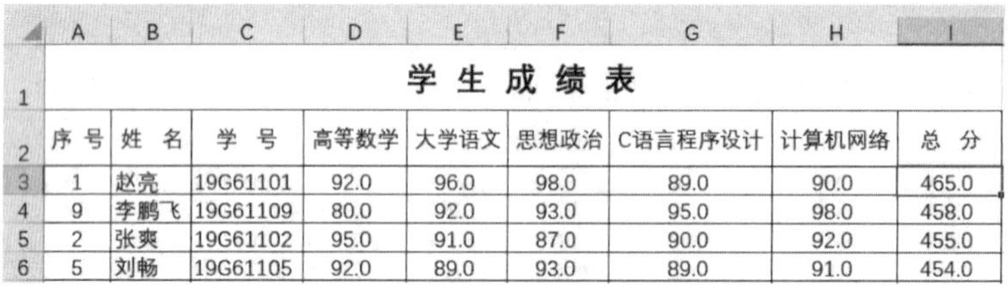

图 3 – 151　隐藏公式后的编辑栏

2. 隐藏单元格中的数据

步骤 1：选定目标单元格区域，按 Ctrl + 1 组合键打开"设置单元格格式"对话框，在"数字"选项卡中单击"自定义"选项，在"类型"文本框中输入";;;"（三个半角分号），如图 3 – 152 所示。

图 3 – 152　使用自定义单元格格式隐藏数据

步骤 2：完成设置后，目标单元格显示为空白，但编辑栏中仍可看到原始数据，如图 3 – 153 所示。

图 3-153 单元格数据隐藏

【注意】也可将单元格的字体颜色设置为与背景颜色相同,达到隐藏数据的目的。

3.8.4 单元格内的文本手动换行

自动换行无法控制换行的位置,使用手动插入换行符的方法可以改变这一情况。

选定单元格后,在编辑模式下,把光标定位到需要强制换行的位置,按 Alt + Enter 组合键,文本会在相应位置进行换行。

3.8.5 Excel 2016 限制和规范

工作表和工作簿规范见表 3-3。

表 3-3 工作表和工作簿规范

功　能	Excel 2016 版限制和规范
打开的工作簿个数	受可用内存和系统资源的限制
工作表大小	1 048 576 列 × 16 384 行
单元格可以包含的字符总数	32 767 个字符。单元格中只能显示 1 024 个字符,编辑栏中可以显示全部
工作簿中工作表个数	受可用内存的限制(默认 3 个)
数字精度	15 位

本章小结

本章从数据收集、数据计算、数据管理、数据分析和数据呈现五个角度阐述如何应用 Excel 进行数据管理和分析,使学生掌握输入与修改单元格的数据的方法;掌握在工作表中插入行或列的方法、删除工作表中的行和列的方法;能够输入不同类型的数据;掌握函数输入的三种基本方法,能熟练使用函数进行数据的统计与分析;掌握数据填充的基本操作;掌握筛选的两种方式;学会对数据进行排序;学会建立和修饰图表。通过本章的学习,使学生不仅掌握 Excel 2016 相关功能,还进一步理解为什么使用这些功能,当在工作中遇到问题时,能举一反三。

同步测试

1. 在 Excel 2016 中,可以将数据导入工作表中的格式有(   )。

   A. ".csv"文档   B. ".one"文档
   C. "xlsx"文档   D. ".xls"文档

2. 在 Excel 2016 中,要将数据发布为 PDF 格式,默认的选项为(   )。

   A. 发布活动工作表   B. 发布整个工作簿
   C. 发布所选内容   D. 发布打印区域

3. 在 Excel 2016 中,向当前单元格输入文本型数据时,默认的对齐方式为(   )。

   A. 分散对齐   B. 右对齐   C. 左对齐   D. 居中对齐

4. 在 Excel 2016 中,单元格 D5 的绝对地址引用形式为(   )。

   A. D$5   B. $D$5   C. $D5   D. D5

5. 在 Excel 2016 中,某单元格存放了公式"=工资!A5+H5",其中"工资"代表(   )。

   A. 单元格区域名称   B. 工作簿名称
   C. 单元格名称   D. 工作表名称

6. 启动 Excel 2016 中文版时,系统将自动打开一个工作簿文件,该文件的默认名称为(   )。

   A. Book1   B. 工作簿1   C. Sheet1   D. 文档1

7. 在 Excel 2016 中,要在单元格区域 A1:A1000 输入 1~1 000 的自然数列,最佳的方法是(   )。

   A. 在 A1 单元格输入 1,按住 Ctrl 键,拖曳 A1 单元格右下角填充柄到 A1000 单元格

   B. 从 A1 单元格开始,向下依次输入所需内容

   C. 在 A1 单元格输入 1,A2 单元格输入 2,选中单元格区域 A1:A2,拖曳 A2 单元格右下角填充柄到 A1000 单元格

   D. 在 A1 单元格输入 1,然后使用"序列"对话框,创建一个步长为 1,终止值为 1 000,纵向的等差数列

8. 在 Excel 2016 中,在单元格公式的绝对引用和相对引用之间进行转换的快捷键是(   )。

   A. F2   B. F3   C. F4   D. F5

9. Excel 2016 具有很强的数据管理功能。其中,可以实现按字段分类并汇总的操作有(选择两项)(   )。

   A. 数据透视表   B. 分类汇总   C. 数据清单   D. 自动筛选
   E. 高级筛选

10. 在 Excel 2016 中,某个数据区域中包含一些不连续的空单元格,要将这些空单元格都填入数值 0,正确的操作步骤为(   )。

A. 在活动单元格输入数值 0

B. 选定包含不连续空单元格的区域

C. 按 Ctrl + Enter 组合键在数据区域内所有空单元格中填入数值 0

D. 使用"定位到空值"功能选定区域内的所有空单元格

11. 将下面的 Excel 函数与其功能进行匹配。

A. COUNT	1. 返回指定数字在某区域中的排位
B. RANK	2. 返回某区域中满足指定条件的单元格的个数
C. SUM	3. 返回参数中数值的总和
D. COUNTIF	4. 返回参数中最大的数值
E. AVEGAGE	5. 返回参数的算术平均值
F. MAX	6. 返回参数中数值的个数

第 4 章

PowerPoint 2016 演示文稿制作

情境引入

一天公司会议结束后，小张好奇地问老李："刚刚会议上，经理介绍新产品时，大屏幕上的图片非常听话，他需要更换图片时图片就会动，这到底怎么回事呀？"老李说："很简单，这是 PowerPoint 的功劳，它是与 Word、Excel 并驾齐驱的电脑办公三大软件之一，其主要功能就是制作生动的演示文稿，对于电脑办公人员来说，PowerPoint 是必需的技能之一。"小张听完一本正经地说："那还等什么，赶快教我怎么使用 PowerPoint 制作幻灯片吧！"

本章学习目标

能力目标：
- 能够灵活运用幻灯片母版功能设计幻灯片；
- 能够进行演示文稿中文本的编辑；
- 能够定制动画效果；
- 能够制作内容丰富的幻灯片；
- 能够根据需要设置 PowerPoint 2016。

知识目标：
- 掌握添加图形、表格、图表、声音与视频的方法；
- 掌握动画的制作方法；
- 掌握幻灯片的切换功能；
- 掌握创建备注和讲义的方法；
- 了解放映演示文稿及相关参数设置；
- 了解打印预览及打印演示文稿和讲义，以及相关设置。

素质目标：
- 热爱工作，努力认真；
- 养成良好的设计习惯。

4.1 什么是 PowerPoint

Microsoft Office PowerPoint 2016 是一个演示文稿管理程序。用户可以使用它创建、编辑和操作幻灯片，并且可以在演示文稿中输入文本、绘制对象、创建图表或者添加图形等多媒体素材。用户编制的演示文稿可以在计算机屏幕上直接显示或用投影机演示，还可以制作成幻灯片播放。用户可以使用打印机打印演示文稿或者将演示文稿发送到指定的印刷公司以制作幻灯片，也可以通过Internet传送。演示文稿主要用于教学、演讲或产品发布等。

PowerPoint 2016 常用术语如下。

1. 演示文稿

演示文稿是由 PowerPoint 创建的文档，一般包括为某一演示目的而制作的所有幻灯片、演讲者备注和旁白等内容。PowerPoint 2016 文件扩展名为 .pptx。

2. 幻灯片

演示文稿中的每一单页称为一张幻灯片。每张幻灯片都是演示文稿中既相互独立又相互联系的内容。演示文稿由一张或数张相互关联的幻灯片组成。

3. 演讲者备注

演讲者备注指在演示时演示者所需要的文章内容、提示注解和备用信息等。

4. 讲义

讲义指发给听众的幻灯片复制材料，可把一张幻灯片打印在一张纸上，也可把多张幻灯片压缩到一张纸上。

5. 母版

母版中的信息一般是共有的信息，改变母版中的信息可统一改变演示文稿的外观。

6. 模板

模板是指预先定义好格式、版式和配色方案的演示文稿。PowerPoint 2016 模板是扩展名为 .potx 的一张幻灯片或一组幻灯片的图案或蓝图。模板可以包含版式、主题颜色、主题字体、主题效果和背景样式，甚至还可以包含内容等。

7. 版式

幻灯片版式包含要在幻灯片上显示的全部内容的格式设置、位置和占位符。

8. 占位符

占位符是版式中的容器，可容纳如文本（包括正文文本、项目符号列表和标题）、表格、图表、SmartArt 图形、影片、声音、图片及剪贴画等内容。占位符是指应用版式创建新幻灯片时出现的虚线方框。

4.2　PowerPoint 的基本操作

本节主要包括演示文稿的创建和保存、演示文稿中幻灯片的操作及 PowerPoint 2016 的视图方式等内容。

4.2.1　PowerPoint 视图方式

幻灯片视图功能为用户提供了各种适应不同使用情况的操作界面。其中包括普通视图、幻灯片浏览视图、阅读视图、备注页视图和幻灯片放映视图。

1. 普通视图

普通视图是启动 PowerPoint 2016 时默认的视图方式，也是使用最多的视图，主要用于创建和编辑演示文稿，如图 4-1 所示。普通视图由三部分内容组成：幻灯片/大纲窗格、幻灯片编辑区及备注窗格。幻灯片编辑区是主窗口。该视图中，能完成的功能有输入，查看幻灯片的主题、小标题及备注，并且可以移动幻灯片图像位置和备注页方框，或是改变其大小。使用大纲窗格，可以组织和键入演示文稿中的文本，但要注意，这里的文本必须是在幻灯片版式设计中输入的文本，自己添加的文本框中的内容在这里看不到。使用幻灯片目录窗格，幻灯片以缩略图方式排列，可以检查各个幻灯片前后是否协调、图标的位置是否合适等，并能很容易地在幻灯片之间添加、删除和移动幻灯片的前后顺序。使用备注窗格，可以添加备注信息。一般情况下，对幻灯片的编辑操作都在这种视图中进行。

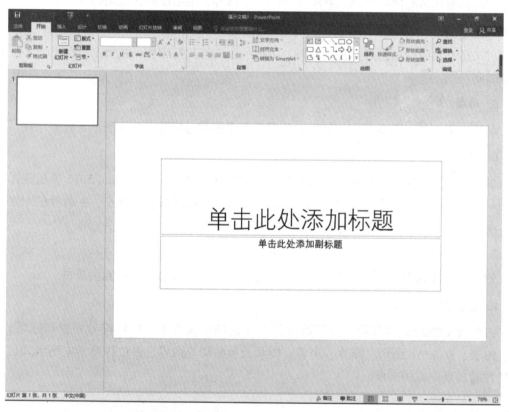

图 4-1　普通视图

2. 幻灯片浏览视图

在幻灯片浏览视图中放置着一张张缩小了的幻灯片。在幻灯片浏览视图中，按序号由小到大顺序显示演示文稿中的全部幻灯片缩略图，可以观看演示文稿的整体效果，并可以对幻灯片进行一些操作，如改变幻灯片的背景设计、调整幻灯片的顺序、添加或删除幻灯片、复制幻灯片等操作，如图4-2所示。在该视图中选中幻灯片并且按下 Ctrl 键，拖动幻灯片，可以进行复制。如果不按 Ctrl 键直接拖动幻灯片，则进行顺序调整。如果想删除某个幻灯片，选中该幻灯片，按键盘上的 Delete 键。

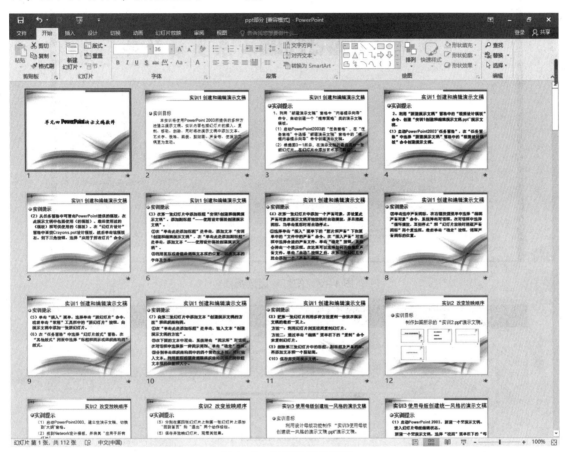

图4-2 幻灯片浏览视图

3. 阅读视图

切换到功能区中的"视图"选项卡，在"演示文稿"选项组中单击"阅读视图"按钮，即可切换到阅读视图中，如图4-3所示。阅读视图是利用自己的计算机查看演示文稿。

4. 备注页视图

切换到功能区中的"视图"选项卡，在"演示文稿"选项组中单击"备注页"按钮，即可切换到备注页视图中，如图4-4所示。一个典型的备注页视图中能看到在幻灯片图像下方带有的备注页方框。备注页视图用于输入和编辑作者的备注信息。如果在备注页视图中无法看清输入的备注文字，可选择"视图"菜单中的"显示比例"命令，然后在出现的"显示比例"对话框中选择一个较大的显示比例。

图 4-3　幻灯片阅读视图

图 4-4　备注页视图

5. 幻灯片放映视图

在幻灯片放映视图中，演示文稿占据整个计算机屏幕，就像对演示文稿进行真正的幻灯片放映。在放映过程中，可以右击，打开快捷菜单，对演示文稿的放映进行控制操作。

【提示】从当前幻灯片开始播放，快捷键为 Shift + F5。

改变演示文稿的显示视图，可以使用下列方法之一：

- 单击功能区"视图"选项卡"演示文稿视图"组的命令按钮，如图 4 – 5 所示。

图 4 – 5 "视图"选项卡

- 用户也可以单击屏幕右下角的视图按钮切换视图，从左到右分别为"普通视图""幻灯片浏览视图""阅读视图""从当前幻灯片放映"，如图 4 – 6 所示。用鼠标单击相应的按钮，就会进入相应的视图方式。

图 4 – 6 视图切换按钮

4.2.2 创建与保存演示文稿

1. 创建演示文稿

创建演示文稿的方法有很多,在此介绍常见的"样本模板""主题""空演示文稿"三种创建方式。"样本模板""主题"这些模板带有预先设计好的标题、注释、文稿格式和背景颜色等。在创建一个新的演示文稿时,可以单击"文件"选项卡,然后单击"新建"按钮,如图4-7所示。用户可以根据演示文稿的需要,选择合适的模板。

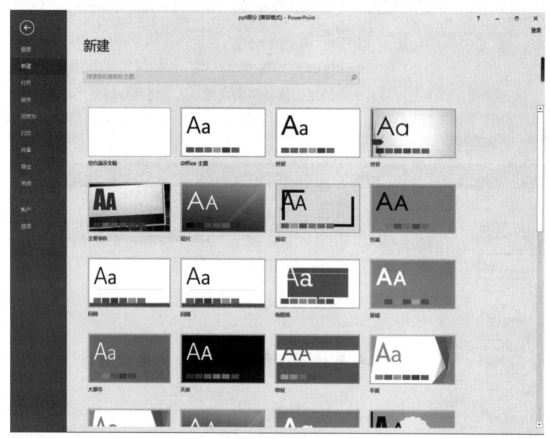

图4-7 新建幻灯片

(1) 空白演示文稿

没有经过任何设计的空白演示文稿。从具备最少的设计且未应用颜色的幻灯片开始。空白幻灯片上有一些虚线框,称为对象的占位符。单击占位符,可以添加文字等对象。

(2) 样本模板

PowerPoint 2016提供了20多种模板,用户可以在预设模板的基础上快速新建带有内容的演示文稿。方法为:选择"文件"选项卡中的"新建"命令,在打开的"新建"列表框中选择所需的模板选项,然后单击"新建"按钮,便可新建模板样式的演示文稿。

(3) 主题

样本模板演示文稿注重内容本身,而主题模板侧重于外观风格设计。系统提供了"网状""麦迪逊""风景"等多种风格样式,对幻灯片的背景样式、颜色、文字效果进行了各种搭配设置。在已经具备设计概念、字体和颜色方案的 PowerPoint 模板基础上创建演示文稿(还可自己创建模板)。

(4) 我的模板

用先前保存的自己制作的模板来创建新的演示文稿。

(5) 根据现有内容新建

将先前保存的另一个演示文稿作为模板来创建新的演示文稿。

(6) Office.com 模板

在 Microsoft Office 模板库中,从其他 PowerPoint 模板中选择。这些模板是根据演示类型排列的。

可以通过以下方法快速创建一个空白演示文稿:

- 单击"文件"→"新建"→"空白演示文稿"命令。
- 按 Ctrl + N 组合键。

在演示文稿中插入的每个幻灯片中都包含有内容占位符,其中的提示表明能够在这个位置插入何种对象。任何能看到的带有操作提示的虚线边框,都是一个占位符,如图 4-8 所示。

【注意】双击图 4-8 中右边的占位符,可以添加图像;单击下边的占位符,可以添加文字等。将鼠标指针放在任意一个图标上,PowerPoint 会显示一个提示,指明单击该图标可插入哪类对象。

图 4-8 幻灯片中的占位符

2. 向幻灯片中录入文字

(1) 在"大纲"窗格中输入文本

若在演示文稿中插入文本,可首先在"大纲"窗格中输入文本,然后在"幻灯片"编辑窗格中完善演示文稿。

- 在大纲窗格中,靠近符号▇输入的第一条内容是幻灯片的标题,将被插入标题占位符中。输入标题后按 Enter 键,一个带有标题和文本的新幻灯片即会出现。
- 要在同一个幻灯片中为下一个文本占位符输入文本,按 Ctrl + Enter 组合键。
- 要移动到同一级或者创建子条目,可按 Tab 键。
- 要返回到同一级的上一个条目,可按 Shift + Tab 组合键。
- 在项目符号列表中输入完所有的条目后,要创建一个新幻灯片,可按 Ctrl + Enter 组合键。

【提示】单击"大纲"窗格中的幻灯片图标,可选择整个幻灯片中的内容。

(2) 在"幻灯片"编辑窗格中输入文本

可以在"幻灯片"编辑窗格中插入或修改项目,如图 4-9 所示。占位符清晰地展示在"幻灯片"编辑窗格中,为用户输入文本提供向导。

图 4-9 "幻灯片"编辑窗格

在"大纲/幻灯片"窗格和"幻灯片"编辑窗格之间有一条用于调整窗格大小的分割线,如图 4-10 所示。例如,可以向右拖动分割线,以显示"大纲"窗格中的更多内容。

图 4-10 "大纲/幻灯片"窗格和"幻灯片"编辑窗格

3. 导入外部文字,批量生成幻灯片

从大纲引入幻灯片可以将许多其他格式的文档转换成 PPT 的演示文档,这样就节约了许多时间和精力。以 Word 文档做成 PPT 为例。首先将 Word 中的内容的段落标题的大纲级别设置为 1 级,将标题下方的内容的大纲级别设置为 2 级。保存好 Word 文档的设置,然后

将该文档关闭。之后，设置好大纲级别的段落，可以导入自动生成多张幻灯片。具体操作步骤如下。

①打开 PowerPoint 2016，单击功能区的"新建幻灯片"的下三角按钮，选择"幻灯片（从大纲）"选项，然后在"插入大纲"对话框中将之前保存的 Word 文档找到并选中，如图 4 – 11 所示。

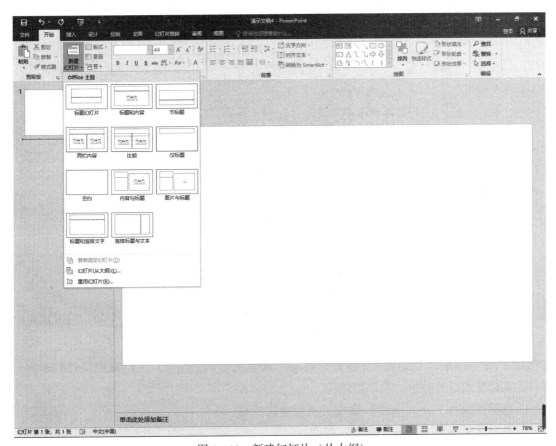

图 4 – 11　新建幻灯片（从大纲）

②单击"插入"就自动生成了多张幻灯片，通常设置的 1 级大纲级别有几个即生成几张幻灯片，如图 4 – 12 所示。

练习 1：创建、编辑演示文稿。

按下面的操作步骤练习创建、编辑演示文稿：

①启动 PowerPoint。

②在显示有"单击此处添加标题"的幻灯片中单击第一个文本占位符。

③输入"我的幻灯片"。

④在幻灯片上单击"单击此处添加副标题"文本占位符。

⑤输入"设计方案"并按 Enter 键，在第二行输入自己的名字。

⑥按 Ctrl + Enter 组合键。

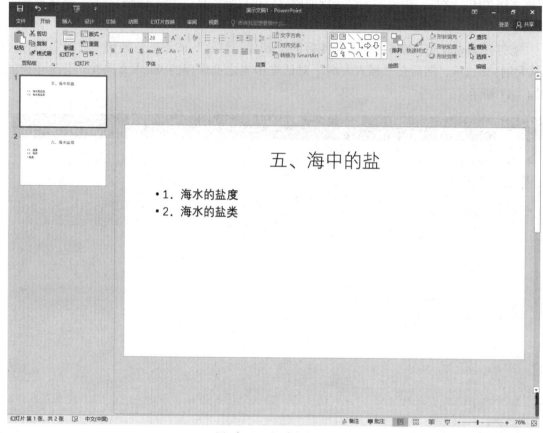

图 4-12　新建幻灯片

此时，PowerPoint 会显示一个新的幻灯片，其中带有一个新标题占位符和项目列表占位符。这是标题幻灯片后面的默认幻灯片。

⑦选择"文件"→"新建"命令，选择样式模板。

⑧在样式模板中，单击"培训"按钮。

⑨单击"创建"命令，如图 4-13 所示。

以上用设计模板创建了一个新的演示文稿。在下面的练习中，将学习如何保存这些演示文稿。

【注意】在制作演示文稿的过程中，需要一边制作一边进行保存，这样可以避免因为意外情况而丢失正在制作的文稿。默认演示文稿的扩展名为.pptx。当通过 E-mail 发送演示文稿文件时，可以将演示文稿保存为.ppsx 文件，这样能够使其直接放映。

4.2.3　幻灯片的管理操作

在对演示文稿进行编辑的过程中，可能需要重新组织演示文稿的信息，如插入新幻灯片、复制一个特定的幻灯片并且将其粘贴至新位置、删除或隐藏一个幻灯片或者为了得到更好的放映效果而重新组织幻灯片。

第4章 PowerPoint 2016演示文稿制作

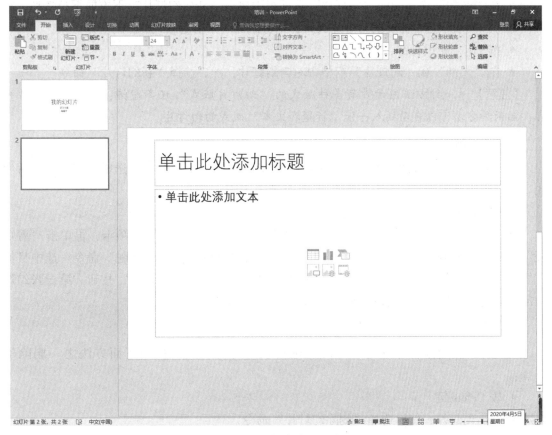

图4-13 创建演示文稿

1. 选择幻灯片（切换幻灯片）

只有在选择了幻灯片后，用户才能对其进行编辑和各种操作。选择幻灯片主要有以下几种方法。

- 选择单张幻灯片：使用鼠标单击需要选择的幻灯片即可。
- 选择多张幻灯片：按住 Ctrl 键，单击需要选择的幻灯片，即可选择多张幻灯片。若为多张连续幻灯片，则可选中第一张幻灯片，按住 Shift 键不放，再单击要选择的最后一张幻灯片，即可选择第一张与最后一张之间的幻灯片。
- 选择全部幻灯片：按 Ctrl + A 组合键。

要在演示文稿中切换幻灯片，可以使用下面的方法之一：

- 单击（上一张幻灯片）缩略图或者按 PageUp 键移动到演示文稿的上一张幻灯片。
- 单击（下一张幻灯片）缩略图或者按 PageDown 键移动到演示文稿的下一张幻灯片。
- 在"大纲"选项卡中单击演示文稿中想要移动的幻灯片。

2. 插入新幻灯片

可以随时在演示文稿中插入一张新幻灯片，新幻灯片将插入所选幻灯片的后面。要插入一张新幻灯片，可以使用下面的方法之一：

- 在"开始"选项卡的"幻灯片"选项组中单击"新建幻灯片"下方的下拉按钮,在弹出的下拉列表中选择需要的幻灯片版式,则可添加一张指定版式的新幻灯片。
- 按 Ctrl + M 组合键。
- 在"大纲"或"幻灯片"窗格中右击幻灯片,然后选择"新幻灯片"命令。

【注意】第一种方法显示带有多种版式的"幻灯片版式"任务窗格,以适应幻灯片内容,后两种方法可以自动插入一张"标题和文本"版式的幻灯片。

3. 复制幻灯片

若想复制一张幻灯片,可以在"大纲"窗格或"幻灯片"窗格中选中幻灯片,然后使用下面方法:

- 按 Ctrl + D 组合键。
- 选择需要复制的幻灯片,如第一张幻灯片,切换到"开始"选项卡,再单击"剪贴板"组中的"复制"按钮进行复制,或右击,在快捷菜单中单击"复制"命令。选中目标位置前的幻灯片,如第二张幻灯片,再单击"剪贴板"组中的"粘贴"按钮。第二张幻灯片后面则创建了与第一张幻灯片相同的幻灯片,编号为"3"。

4. 删除幻灯片

当不再需要某张幻灯片时,可以先选择该幻灯片,然后使用下面方法之一删除幻灯片:

- 按 Delete 键。
- 右击幻灯片,然后选择"删除幻灯片"命令。

5. 移动幻灯片

在制作演示文稿时,可能会为了特殊目的改变幻灯片的顺序。使用下面方法之一可以重新安排幻灯片的顺序:

- 在幻灯片浏览视图中选择并拖动幻灯片到新位置。
- 在"大纲"窗格中单击幻灯片图标以选择幻灯片,并将其拖动到新位置。
- 在"幻灯片"窗格中选择并拖动幻灯片到新位置。

练习 2:插入、复制、删除及重新安排幻灯片。

下面练习插入、复制、删除幻灯片,打开"公司介绍.pptx"文件,另存为"公司介绍 – 学号"。

①选择第一张幻灯片,在"开始"选项卡的"幻灯片"选项组中单击"新建幻灯片"下方的下拉按钮,在弹出的下拉列表中选择幻灯片版式"比较",则可在第一张幻灯片后面添加一张"比较"版式的新幻灯片。

②选择"企业价值观"幻灯片。

③按 Ctrl + D 组合键,此时应该有一个复制的"企业价值观"幻灯片。如果幻灯片中有大量带有项目符号的文本,通过复制幻灯片的方法将幻灯片的文本拆分到两张幻灯片中是很方便的。

④在大纲窗格中选中第 6 张幻灯片,按 Delete 键。

⑤再次保存演示文稿。

下面的操作步骤练习重新安排幻灯片：

①在屏幕右下角单击 ![icon] 按钮或单击功能区"视图"选项卡"演示文稿视图"组"幻灯片浏览"命令按钮，切换到幻灯片浏览视图。

②单击幻灯片4，然后将其拖动到幻灯片5的右侧，PowerPoint会显示一条竖线来确认移动幻灯片到新位置。

③在新位置释放鼠标，PowerPoint此时已经将幻灯片移动到新位置。

④保存演示文稿。

4.3 为幻灯片添加丰富内容

演示文稿由一系列幻灯片组成，所以制作演示文稿的主要任务就是编辑幻灯片。为了增强演示的效果，幻灯片中不仅可以输入文字，还可以绘制图形及插入图片、表格、声音和影片等对象。对象是幻灯片中的基本成分，是设置动态效果的基本元素。幻灯片中的对象分为文本对象（标题、项目列表、文字批注等）、可视化对象（图片、剪贴画、图表、艺术字等）和多媒体对象（视频、声音、Flash动画等）三类，各种对象的操作一般都是在幻灯片视图下进行的，操作方法也基本相同。

4.3.1 插入文本

1. 插入文本框

在创建演示文稿的幻灯片中，如果要向幻灯片中添加文本内容，可以直接将文本输入幻灯片的占位符中，也可以在占位符之外的任何位置添加文本框来插入文本内容，可以使用下列方法之一来插入文本框：

选择"插入"选项卡"文本"组中的"文本框"按钮，选择某一内置的文本框类型或竖排文本框，如图4-14所示。

也可以单击"开始"选项卡"绘图"工具栏的"文本框"按钮，如图4-15所示，然后在需要输入文本的位置单击，即可出现一个空的文本框。在文本框中输入文本即可。

2. 文本框的操作

当文本框周围的边界由虚线围成时，表明该文本框处于编辑状态，如图4-16所示，此时可对其中选择的文本进行修改。

当文本框周围的边界由实线围成时，表明该文本框处于选择模式，如图4-17所示，此时可以对该文本框进行整体操作。为了快速激活选择模式，可将鼠标指针放在文本占位符所在位置的一条边上，当看到 ✥ 时单击。可以使用下面的方法之一移动或者改变文本框的大小：当文本框处于选择模式时，单击某个句柄的任意一条边并且拖动，可以调整对象的宽或高；单击句柄的一个角，调整对象的大小。

图 4-14 "插入"选项卡

图 4-15 利用"绘图"工具插入文本框

图 4-16 编辑状态的文本框　　　　　图 4-17 选择模式的文本框

3. 编辑文本

在幻灯片中，完成文本输入的基本操作之后，就可以对演示文稿的内容进行编辑，使之达到用户需要的效果。在编辑过程中，文本的插入、删除、修改、选择、复制、移动、查找、替换、项目符号和编号的使用、撤销、恢复等操作方法，和 Word 中的操作方法相同。

也可以在"开始"选项卡中通过"字体"组对其设置字体、字号等字符格式，通过"段落"组对其设置对齐方式、项目符号、编号和缩进等格式，其方法和 Word 类似。

练习 3：编辑幻灯片中的文本。

①打开"公司介绍-学号"演示文稿，在"企业价值观"页幻灯片中选中标题"企业价值观"，单击"开始"选项卡"字体"组"字号"下拉菜单，选择 36，单击"颜色"下拉菜单，选择蓝色（注意，是蓝色而不是浅蓝色，鼠标悬停在颜色块上会有浮动提示）。

②在演示文稿中，将幻灯片里的文字"各地区营业额（百万元）"的格式改为粗体，并加下划线。在大纲窗格中选中此幻灯片，在幻灯片上单击标题框，使之处于选中状态。再次单击标题框，使之处于编辑状态。或通过鼠标拖动选中标题文字。

③在"开始"选项卡"字体"组中单击"加粗"和"下划线"命令按钮，如图 4-18 所示。

图 4-18 编辑文字格式

④保存演示文稿。

4. 艺术字的使用

选中要设置艺术字的文字，切换到出现的上下文选项卡"绘图工具-格式"，在"艺术字样式"选项组中单击"艺术字样式"按钮，进行设置。

练习 4：改变幻灯片中的项目符号。

在幻灯片中添加项目符号是组织信息的一种快速、便捷的方法。修改项目符号的步骤如下：

①选择产品范围幻灯片，选中内容所在文本框，再次单击文本框，使之处于编辑状态。

②选择"格式"选项卡"项目符号"命令按钮，选中某一项目符号，或在带有项目符号的文本上右击，选择"项目符号与编号"，如图 4-19 所示。

图 4-19　修改项目符号

若想使用其他类型的项目符号，可选择项目符号和编号，打开如图 4-20 所示对话框。

用户可以调整不同格式效果的项目符号，也可以单击"编号"按钮将项目符号变为数字（反之亦可），还可以选择"格式"→"编号"命令按钮，在"编号"选项卡中单击相应的编号类型。

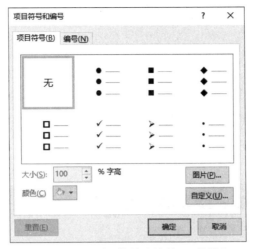

图 4-20 "项目符号和编号"对话框

4.3.2 插入图片

用户可以很容易地使用"图片"命令给任意幻灯片添加图片。可以从各种资料中选择图片进行插入，如剪辑管理器、保存的图片文件、扫描的照片、Microsoft 的剪贴画及媒体网站等。

1. 插入图片

步骤1：执行"插入"→"图片"→"来自文件"命令，打开"插入图片"对话框。

步骤2：定位到需要插入图片所在的文件夹，选中相应的图片文件，然后单击"插入"按钮，将图片插入幻灯片中。

2. 操作图片

操作图片涉及改变大小、位置或者对图片做一些修改。PowerPoint 中不是所有的图片都允许用户对其进行修改。

当选中一张图片时，"图片工具"的"格式"选项卡即会显示出来，以帮助用户快速更改图片样式。或右击图片，然后选择"设置图片格式"命令，在对话框中设置图片格式。

在 PowerPoint 中编辑图片时，应注意以下几点：

①在做任何改变前，都要先选择图片，图片周围将显示白色句柄。

②使用句柄调整图片到合适大小。将鼠标停留在句柄左右的任意一边上，当显示↔时进行拖动，以改变宽度。拖动句柄的顶部和底部可改变高度。

③使用角句柄显示↖形状，角句柄影响连接句柄的两条边。

④要移动图片，可移动鼠标指针到图片的任意位置，当看到形状时，拖动图片到需要的位置即可。

⑤拖动绿色句柄可旋转图片到需要的角度。

⑥如果未使用图片占位符插入一张图片，可能需要重新应用一个合适的幻灯片版式，或者在单个幻灯片中调整占位符。

也可以在图片周围环绕文字，此时必须将图片放在一个独立的占位符中，并操作文本，以便使其排列在图片的周围。

练习5：操作图片。

打开"产品介绍-学号"演示文稿，按下面的操作步骤练习操作图片：

①在大纲视图中选中最后一张幻灯片。

②单击占位符中的"插入图片"按钮。

③选中"电脑"图片。

④单击"插入"按钮，如图4-21所示。

微课4-1
操作图片

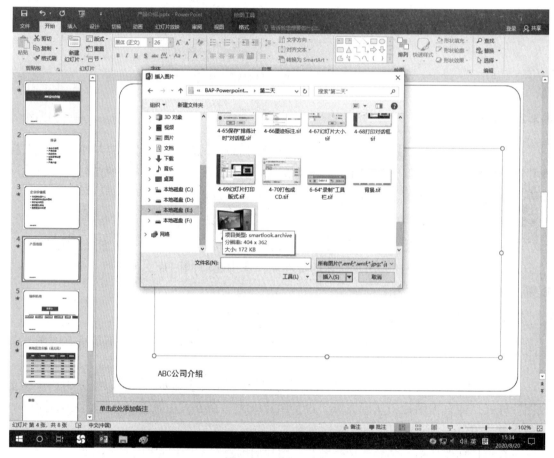

图4-21 插入图片

⑤将鼠标指针移到图片上，鼠标指针变为形状。为了看到图片，此时按住鼠标左键，可改变图片位置。

⑥单击图片将其选中，在"图片工具"格式选项卡"大小"组中可指定图片的宽度和高度。

【注意】 图片周围存在句柄表示图片还处于选择状态。

⑦移动鼠标指针到句柄的右下角时，鼠标指针应当变为形状。向左上角拖动，进一步缩小图片。

⑧单击选中图片,按 Delete 键,删除演示文稿中"产品范围"幻灯片上的电脑图像。
⑨再次保存演示文稿。

3. 插入其他来源的图形

可以在演示文稿中插入屏幕截图。单击"插入"功能卡,选择"屏幕截图"按钮。可以在这里看到当前打开窗口的截屏画面,单击选定之后,即可将选定的窗口截图插入当前幻灯片。

练习6:插入屏幕截图。

①打开"产品介绍-学号"演示文稿,选择第 4 张幻灯片,单击功能区的"插入"选项卡,在"图像"组中选择"屏幕截图"按钮,在打开的窗口中选择"Windows 资源管理器库"缩略图,如图 4-22 所示。

图 4-22　插入屏幕截图

②保存演示文稿。

4. 使用图形

用户可以利用功能区中"插入"选项卡的"形状"和"SmartArt"工具创建自己需要的图形来增强幻灯片的效果。使用绘图工具创建的对象包括直线、文本框、箭头、艺术字、矩形或方形、椭圆或圆等。

多数对象的创建是通过从对象左上角开始拖动鼠标到期望的大小。创建对象后，可以改变其形状或填充颜色，添加文本。使用方法与 Word 中类似，不再赘述。

4.3.3 插入表格和图表

1. 插入表格

表格是由行和列构成的网格，可以在其中输入数据。行和列的交汇处称为单元格。创建表格后，可以根据需要对其进行格式化。

（1）向幻灯片中插入表格

①切换到"插入"选项卡，在"表格"选项组上单击"插入表格"按钮，打开"插入表格"对话框。输入新建表格所需的列数与行数。

②使用具有表格的版式，单击占位符，打开"插入表格"对话框。输入新建表格所需的列数与行数。

（2）向表格中输入文本

创建表格后，插入点位于表格左上角的第一个单元格中，此时即可输入文本。输完一个单元格后，按 Tab 键进入下一个单元格的输入过程。按 Shift + Tab 组合键可以返回上一个单元格中。

（3）修改表格结构

切换到功能区中的"布局"选项卡，在此对表格进行修改操作，如图 4 - 23 所示。

图 4 - 23　"布局"选项卡

2. 设置表格格式

①利用表格样式快速设置表格格式。选择幻灯片中的表格，利用表格样式快速设置表格格式。

②添加表格边框。打开"设计"选项卡，单击"绘图边框"选项组中的"笔样式""笔画粗细"和"笔颜色"按钮，设置表格框线的线条样式。

练习 7：插入表格。

按下面的操作步骤练习插入表格：

在选定幻灯片中的内容占位符里插入一个 3 列 6 行的表格。（注意，请勿使用插入表格功能，并接受所有其他默认设置。）

操作方法：

①选择一页带有表格占位符的幻灯片，单击占位符，打开"插入表格"对话框，如图 4 - 24 所示。

②输入新建表格所需的列数 3 与行数 6。
③单击"确定"按钮。

3. 插入 Excel 表格

由于 PowerPoint 的表格功能不太强,如果需要添加表格,先在 Excel 中制作好,然后将其插入幻灯片中。

图 4-24 "插入表格"对话框

①选择"插入"选项卡"文本"组中的"对象"命令按钮,打开"插入对象"对话框。

②选中"由文件创建"选项,然后单击"浏览"按钮,定位到 Excel 表格文件所在的文件夹,选中相应的文件,单击"确定"按钮返回,即可将表格插入幻灯片中。

③调整好表格的大小,并将其定位在合适位置上即可。

【注意】①为了使插入的表格能够正常显示,需要在 Excel 中调整好行、列的数目及宽(高)度。②如果在"插入对象"对话框中选中"链接"选项,以后在 Excel 中修改了插入表格的数据,打开演示文稿时,相应的表格会自动随之修改。

4. 插入图表

图表以可视化的方式清晰地显示数据趋势或者曲线。图表通过来自电子数据表应用程序的重要信息或者输入数据表中的数据来创建。利用图表,可以更加直观地演示数据的变化情况。

插入图表的方法,主要有以下两种:

①新建幻灯片,选择"标题和内容"版式。单击文本占位符中的"插入图表"按钮,出现"插入图表"对话框。选择图表类型为"三维饼图"。在打开的 Excel 表格中输入相应的数据内容,此时在插入的图表中显示了相应的数据信息。将鼠标定位于右侧边框右下角的控制点上,按住鼠标左键拖动,选择正确的数据源,然后关闭表格。

②选择"插入"选项卡"插图"组中的"图表"命令,进入图表编辑状态。在数据表中编辑好相应的数据内容,然后在幻灯片空白处单击鼠标,即可退出图表编辑状态。

【注意】如果发现数据有误,直接双击图表,即可再次进入图表编辑状态,进行修改处理。

应用数据图表时,应考虑以下问题:

①"数据表"和"图表"是同一个概念。
②图表可以有一个标题和可能的列标题。
③平面图可以有带标题的横轴(X)和纵轴(Y)。
④一个系列是一个数据集合。
⑤如果图表显示多个数据系列,那么每个系列以一个图例说明。
⑥一个系列的每个数据点可以有一个标记来显示这一点的数值。
⑦一个图表可以显示网格线并在坐标轴上做标记。
⑧改变图表的类型很简单,并且可以帮助产生更有效的演示文稿。

⑨占位符中包含一个基于输入数据表窗口的数据的图表示例。当数据表窗口中的数据改变时，图表也会发生改变。

5. 使用 SmartArt 图表

PowerPoint 2016 提供了 8 大类 185 种形式多样的图表，SmartArt 图表代表了未来的发展趋势，它把图表设计与 PowerPoint 软件较好地结合起来，实现了智能化，让图表制作更方便。

（1）智能添加和删除图表

①单击"插入"→"SmartArt"→"列表"，选择"详细流程"图形，绘制一个 SmartArt 图表。

②默认只有 3 个文本对象，若需要添加，则选中该图表，单击"SmartArt 工具"中的"设计"选项卡中的"添加形状/在后面添加形状"命令。

③如果需要减少，则按住 Ctrl 键不放，用鼠标选中所需删除的对象，按下 Delete 键即可，其余的对象也会自动调整大小和位置。

（2）智能图表配色

一般图表的配色只能单个填充，但对于 SmartArt 图表，可以选中后直接添加颜色组，图表内各个图形会自动填充相应的色彩。

当添加 SmartArt 图表时，会以默认颜色出现。双击 SmartArt 图表，则自动启动"SmartArt 工具"选项卡，选择"设计"→"更改颜色"，则可以重新配色。

（3）智能调整图表大小

这是微软用程序去设计图表的独特优势，图表内的形状是联动的，当调整一个形状的大小时，别的形状总是会在保持整体统一的前提下自动调整。

4.3.4 插入声音、影片

1. 插入声音

在"插入"选项卡中，单击"媒体"选项组中的"音频"按钮，在打开的下拉列表框中选择插入音频的不同方式：PC 上的音频与录制音频。插入音频后，幻灯片出现了一个类似于喇叭的图标和播放按钮。可以将鼠标移动到视频窗口中，单击"播放/暂停"按钮，视频就能播放或暂停播放。如果想继续播放，再用鼠标单击即可。

微课 4-2 插入音频

编辑音频：打开"音频工具/播放"选项卡，如图 4-25 所示。在"编辑"选项组中的"淡出"数值框中输入数字，为音频结束时添加淡出效果。

单击"开始"的下拉菜单，这里有两个选项：自动，表示幻灯片放映时自动播放声音文件；单击时，表示单击鼠标才开始播放音乐。

【注意】默认情况下，音频只在添加它的页面播放。当幻灯片切换到下一页时，音乐停止。如果希望音乐作为背景始终播放，需选择"音频工具/播放"选项卡中的"跨幻灯片播放"复选框。

勾选"循环播放，直到停止"和"播完返回开头"，可控制音乐的停止时间。

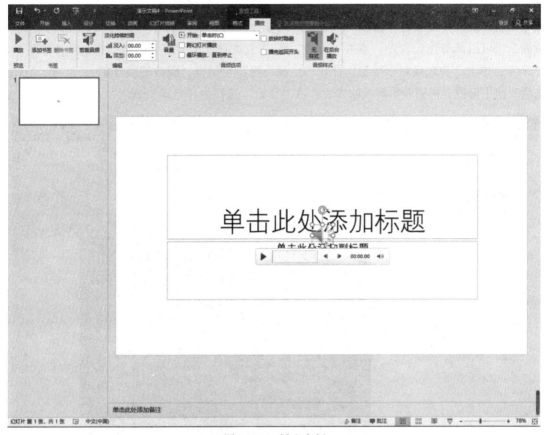

图 4-25 插入音频

PowerPoint 2016 拥有对音频的剪辑功能，选择"音频工具/播放"选项卡的"剪裁音频"，打开"剪裁音频"对话框，如图 4-26 所示。可调整两个滑块的位置来达到最终剪辑的目的。

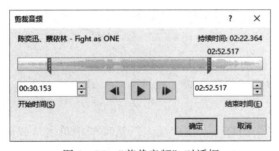

图 4-26 "剪裁音频"对话框

2. 插入影片

在安装 Office 2016 时，就自动安装了剪辑管理器，自带了许多影片。只要选择"插入"选项卡"媒体"组中的"视频"按钮，在下拉列表中选择"联机视频"命令，就可以插入软件自带的视频。也可以选择"PC 上的视频"菜单命令，插入外部视频。

编辑视频：选择"视频工具/格式"选项卡中的"视频样式"选项组，打开"视频样式"库,选择样式。视频插入 PPT 后,可以将鼠标移动到视频窗口中,单击"播放/暂停"按钮,视频就能播放或暂停播放。如果想继续播放,再用鼠标单击即可。可以调节前后视频画面,也可以调节视频音量。单击"视频工具/播放"选项卡中的"编辑"选项组,如图 4-27 所示,单击"剪裁视频"按钮,打开"剪裁视频"对话框,修改视频开始时间。在"视频选项"组中可设置视频开始播放的方法,将"开始"选择为"自动"或者"单击时"。

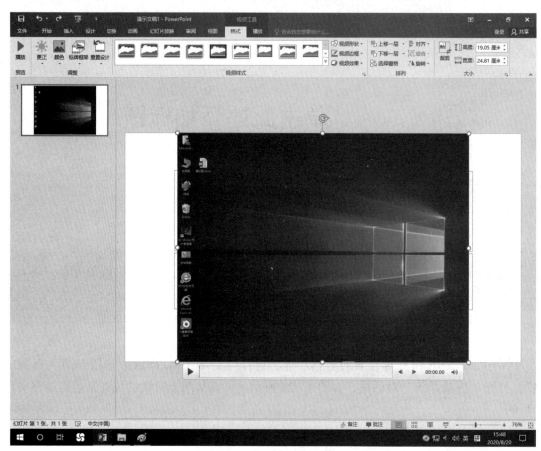

图 4-27 插入视频

练习 8:插入音频文件。

打开"产品介绍-学号"演示文稿,将"文档"中名为"Notify.wav"的音频文件插入演示文稿的第二张幻灯片上。

操作步骤:选中第二张幻灯片,在"插入"选项卡中单击"媒体"选项组中的"音频"按钮,在打开的下拉列表框中选择文件中的音频,在"文档"文件夹中选择"Notify.wav"文件,单击"插入"按钮。

3. 插入屏幕录制

此功能是 PowerPoint 2016 的新增功能。PowerPoint 2016 的内置屏幕录像机可以节省大量的时间。其具体操作是选择"插入"选项卡"媒体"组中的"屏幕录制"按钮,如图 4-28 所示。在这里可以选择"录制区域""音频"和"录制指针"等选项。

图 4-28 插入屏幕录制

4.3.5 插入链接和动作按钮

默认情况下，演示文稿是顺序放映的，幻灯片由第一张顺序切换到最后一张。如果希望制作出的演示文稿还具有更加灵活的交互功能，可以利用"超链接"或动作按钮实现自由导航。在幻灯片放映时，如果在含有链接的文字或对象上单击，PowerPoint 即跳转到相应的位置。

1. 插入链接

选择需设置超链接的对象，这个对象可以是文本、表格、图表、图片或动作按钮等，但不可以是声音或影片。单击工具栏"插入"选项卡中的"超链接"按钮，或者鼠标右击对象文字，在弹出的快捷菜单中单击"超链接"选项，弹出"插入超链接"对话框，如图 4-29 所示。

微课 4-3
设置超链接

在弹出的"插入超链接"窗口中，在"链接到"下有四个选项，选择其中之一。

现有文件或网页：如果要添加网页超链接，则单击"现有文件或网页"，在"地址"中输入地址。也可以让对象链接到内部文件的相关文档。在"插入超链接"中找到需要链接文档的存放位置。

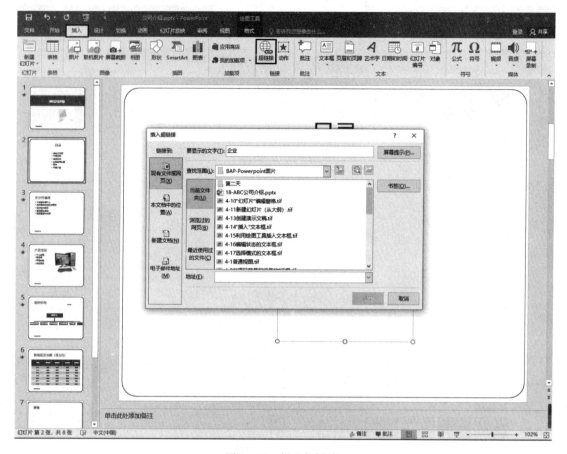

图 4-29 插入超链接

本文档中的位置：若想链接到当前演示文稿的某一页，选择"本文档中的位置"，在列表中选择某一幻灯片。

新建文档：链接到一个目前尚不存在的文件，稍后创建该文件即可。

电子邮件地址：发送邮件给指定的邮箱地址，此功能需要正确地配置 Outlook 或其他邮件收发软件。

练习 9：插入超链接。

打开"产品介绍-学号"演示文稿，在目录页制作超链接，实现单击文字"产品范围"，打开相应产品范围页面。

①选中文字"产品范围"。

②单击"插入"选项卡中的"超链接"按钮。

③在弹出的"插入超链接"对话框中选择文本中的位置。

④在"请选择文档中位置"列表中，选择幻灯片标题"4.产品范围"，如图 4-30 所示。

⑤单击"确定"按钮。

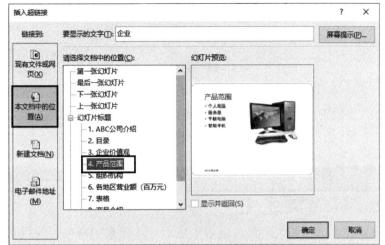

微课 4-4
设置动作按钮

图 4-30 "插入超链接"对话框

2. 插入动作按钮。

选中需要创建超链接的对象（文字或图片等），单击"插入"选项卡中的"动作"按钮（动作按钮是为所选对象添加一个操作，以制定单击该对象时，或者鼠标在其上悬停时应执行的操作），弹出"操作设置"对话框，如图 4-31 所示。

在对话框中有两个选项卡："单击鼠标"与"鼠标悬停"。默认为"单击鼠标"，在"超链接到"选项中，打开超链接选项下拉菜单，选择"幻灯片…"，然后单击"确定"按钮即可。"鼠标悬停"表示鼠标在选中文字上经过时，即执行链接操作。若要将超链接的范围扩大到其他演示文稿或 PowerPoint 以外的文件中去，则只需要在选项中选择"其他 PowerPoint 演示文稿…"或"其他文件…"选项即可。

图 4-31 "动作设置"对话框

【提示】取消 PPT 超链接：选中链接，然后右击，在快捷菜单中选中"取消超链接"即可。

4.3.6 添加备注

演讲者可以通过备注在每张幻灯片上组织自己的想法。备注窗格可用于为每张幻灯片添加备注，如同创建幻灯片一样。

要在普通视图中看到更大的备注窗格，可将鼠标指针指向备注窗格的顶端，当其变成 ⇳ 形状时，拖动窗格到所需要的尺寸。

如果要查看幻灯片的缩略图和所有幻灯片的注释，可切换到备注页视图，可以添加图形对象或图片到文字备注中。当返回到普通视图时，只有文字备注能够显示。

【注意】 这些备注在幻灯片放映时不会出现在屏幕上,但是备注页可以打印输出,给演讲者以提示。

4.4 外观和动画效果

外观和动画效果设置主要有模板与背景、母版和版式、幻灯片的切换及其动画效果的设置。本节将详细介绍以上几点。

4.4.1 主题、背景和配色方案

1. 使用主题

主题包括一组主题颜色(包括背景色等组成幻灯片元素的颜色)、一组主题字体(包括标题字体设置和正文字体设置)、一组主题效果(包括线条和填充效果)。通过应用主题,用户可以迅速而轻松地设置演示文稿的整体外观。

微课 4-5
更改主题

应用主题:打开要应用主题的演示文稿,在"设计"选项卡中选择"主题"选项组,打开"主题样式"库,选择相应主题。

编辑主题:通过"变体"选项组中的"颜色"按钮、"字体"按钮和"效果"按钮,对目前所使用的主题设置进行修改,如图4-32所示。

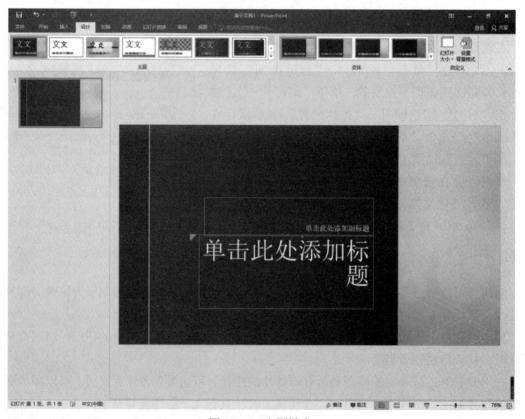

图4-32 主题样式

2. 背景和配色方案

设置幻灯片的背景：打开演示文稿，在"设计"选项卡中选择"自定义"选项组，单击"背景样式"下拉按钮，选择系统提供的不同背景方案。也可以选择"设置背景格式"命令，如图4-33所示，进行自定义配色或设置背景图片。

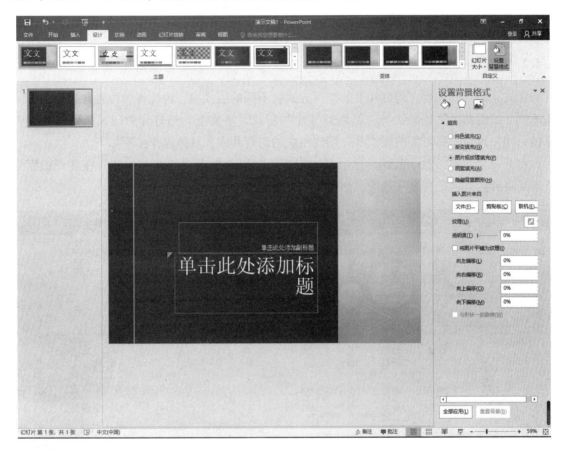

图4-33 "设置背景格式"对话框

【提示】用户可以为一张或全部幻灯片修改背景颜色。在修改背景时，仅仅会改变背景颜色，而不会移除演示文稿中应用的模板。要移除模板，可设置演示文稿为默认（空）模板。

设置幻灯片的配色方案：在"设计"选项卡中选择"变体"选项组，单击"颜色"按钮，选择"自定义颜色"命令，在打开的"新建主题颜色"对话框中单击要更改的主题颜色元素对应的按钮，选择所需的颜色即可。

练习10：修改幻灯片外观。

按下面的操作步骤练习修改背景颜色：

①打开"产品介绍_学号"演示文稿。

②在"设计"选项卡中选择"主题"选项组，打开"主题样式"库，选择"麦迪逊"主题。

③在"设计"选项卡中选择"变体"选项组,单击"背景样式"下拉按钮,选择"样式12"。

④在"设计"选项卡中选择"变体"选项组,单击"背景样式"下拉按钮,选择"设置背景格式"命令。

⑤选择"图案填充",选择"实心菱形",单击"全部应用"按钮。

⑥保存幻灯片。

4.4.2 版式

版式是幻灯片内容在幻灯片上的排列方式,不同的版式中,占位符的位置与排列的方式也不同。新的演示文稿默认为"标题幻灯片"版式。事实上,幻灯片的版式是可以随时改变的。用户可以选择需要的版式并运用到相应的幻灯片中,具体操作步骤如下。

打开一个文件,在"开始"选项卡"幻灯片"组中单击"版式"按钮,在展开的库中显示了多种版式,选择某一选项,如图4-34所示。

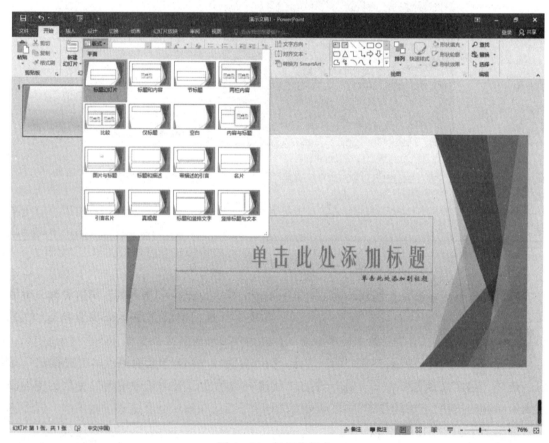

图4-34 幻灯片版式

4.4.3 母版的使用

Microsoft Office PowerPoint的"母版",就像是舞台的布景,无论演员在舞台前如何表演，其布景总是按照一定规律进行切换。母版是一种特殊的幻灯片，它包含了幻灯片文本和页脚（如日期、时间和幻灯片编号）等占位符，这些占位符控制了幻灯片的字体、字号、颜色（包括背景色）、阴影和项目符号样式等版式要素。母版用于设置演示文稿中每张幻灯片的最初格式。为了让演示文稿看起来有一个统一的风格，在每张幻灯片上可以设计一些固定的元素，如背景、标志、日期和时间等，将这些固定元素放到幻灯片的母版上，就会体现在所有幻灯片中。这样不仅节省制作时间，还能使演示文稿风格统一，文件会变小很多，并且修改方便。

PowerPoint 2016 母版可以分成幻灯片母版、讲义母版和备注母版三类。幻灯片母版：影响演示文稿的所有幻灯片。备注母版：放映或打印幻灯片时，影响备注页的外观。讲义母版：设置打印时讲义的样式。其中最常用的是幻灯片母版，因为幻灯片母版控制的是除标题幻灯片以外的所有幻灯片的格式。

启动母版视图的方法是：单击"视图"选项卡"母版视图"分组中的"幻灯片母版"命令，如图 4-35 所示。

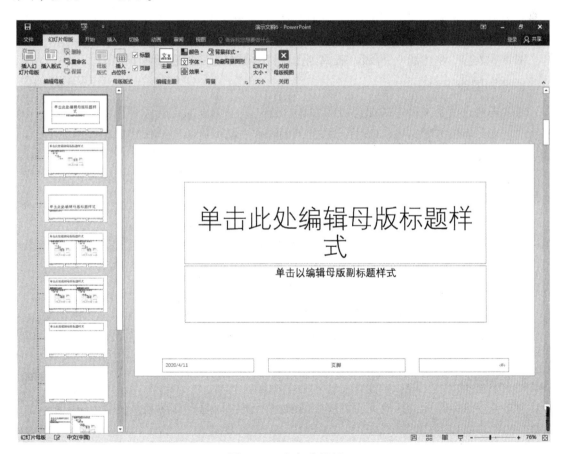

图 4-35　幻灯片母版

在母版视图状态下，PowerPoint 2016 提供了 12 张默认幻灯片母版页面，分别是以下几类：

Office 主幻灯片：是第一张母版，尺寸略大于其他母版，在这一页中添加的内容会作为背景在下面所有版式中出现。比如在第一张母版中添加一幅图片，幻灯片中的每一页都会显示此图片。

标题幻灯片：第二张一般标题版式幻灯片母版，可用于幻灯片的封面或封底。所以想要使封面不同于其他页面，修改第二张母版即可。

标题内容幻灯片：标题+内容框架是标准版式。

后面还有节标题、两栏内容、比较、仅标题、空白、内容与标题、图片与标题、标题和竖排文字、竖排标题与文本等不同的 PPT 版式布局可供选择，修改哪种版式的母版，只影响具有此版式的幻灯片页，不影响其他版式的页面。

【注意】以上母版版式都可以根据设计需要重新调整。保留需要的版式，可以将多余的版式删除掉。

主题是一组统一的设计元素，使用颜色、字体和图形效果统一设置文档的外观。幻灯片母版是幻灯片层次结构中的顶层幻灯片，是所有幻灯片版式的"母亲"，更改幻灯片母版格式将影响幻灯片格式。多个幻灯片母版可以在一个演示文档中共存。幻灯片版式包含要在幻灯片上显示的占位符。占位符是版式中的"容器"，可容纳如文本、表格、图表、影片、声音、图片等内容。从主题、母版、版式到占位符，影响范围是逐渐缩小的。

1. 添加图片

常常需要在演示文稿中添加公司的 Logo，若一页一页添加，既不容易对齐，又烦琐。解决方案是将 Logo 标志添加到 Office 主题页母版中。操作方法如下：

微课 4 – 6
母版中插入图片

①单击"视图"选项卡"母版视图"分组中的"幻灯片母版"按钮，选择第一张母版，即 Office 主题页母版。

②选择"插入"选项卡中的"图片"命令，打开"插入图片"对话框，定位到事先准备好的图片所在的文件夹中，选中该图片，将其插入母版中，并定位到合适的位置上。图片添加到所有母版中，如图 4 – 36 所示。通过功能区中显示的"绘图工具/格式"选项卡，可对图片进行格式修改。

③在功能区中单击"幻灯片母版"选项卡中的"关闭母版视图"，如图 4 – 37 所示。

④此时返回到普通视图，所有幻灯片均有上述图片，如图 4 – 38 所示。若再新建幻灯片，新幻灯片也会包含此图。

2. 添加页脚

通常希望除标题页，其他页的页脚中能够显示演讲标题、日期和页码等信息，操作步骤如下：

微课 4 – 7
插入页脚

①单击"视图"选项卡，选择"母版视图"分组中的"幻灯片母版"命令，选择第一张母版，即 Office 主题页母版。

②选择"插入"选项卡中的"页眉和页脚"命令，打开"页眉和页脚"对话框，切换到"幻灯片"标签下，如图 4 – 39 所示。

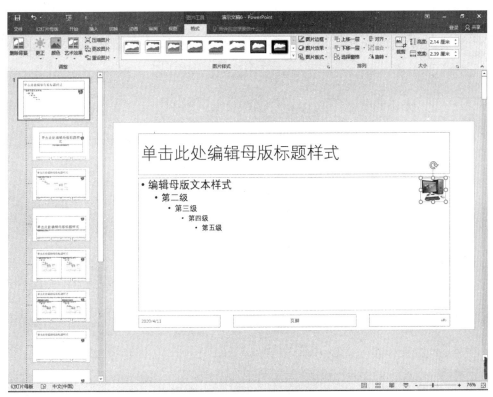

图 4-36　插入图片

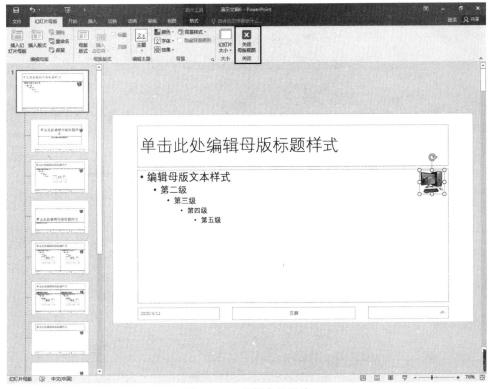

图 4-37　母版中的图片

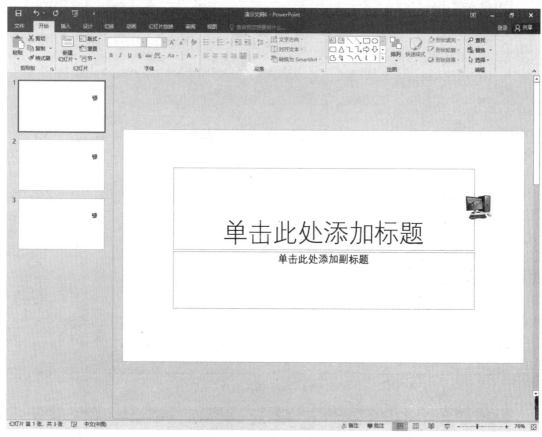

图 4-38　幻灯片中的图片

图 4-39　页眉和页脚

③日期和时间、幻灯片编号、页脚均为多选项,选中即显示。选中"页脚",输入"第四章"。选中"日期和时间",其中"自动更新"和"固定"为单选项("自动更新"表示每次打开演示文稿均能显示系统日期)。

④勾选"标题幻灯片中不显示",则使用标题幻灯片版式的幻灯片不会出现页脚(一般标题幻灯片中不需要页脚)。

⑤单击"全部应用"按钮,在各个版式中均出现了页脚,可见幻灯片主题页的"统领"作用。

⑥在功能区中,单击"幻灯片母版"选项卡中的"关闭母版视图",除标题页,其余幻灯片页面均显示页脚内容。效果如图4-40所示。

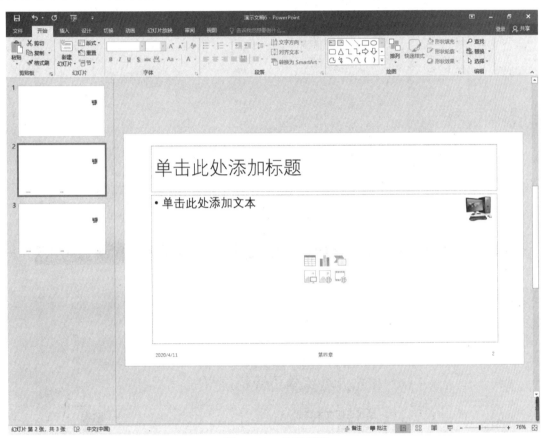

图4-40 显示页脚

3. 修改字体和占位符样式

微课4-8
更改文本框样式

例:统一修改内容页的标题为艺术字,标题占位符为圆角矩形,形状轮廓为虚线,操作步骤如下:

①单击"视图"选项卡,选择"母版视图"分组中的"幻灯片母版"命令,选择第三张母版,即标题内容版式。单击"单击此处编辑母版标题样式",如图4-41所示。

②单击"绘图工具/格式"选项卡,在"艺术字样式"组中单击"其他"按钮展开所有艺术字样式,选择"渐变填充-蓝色,着色1,反射",如图4-42所示。

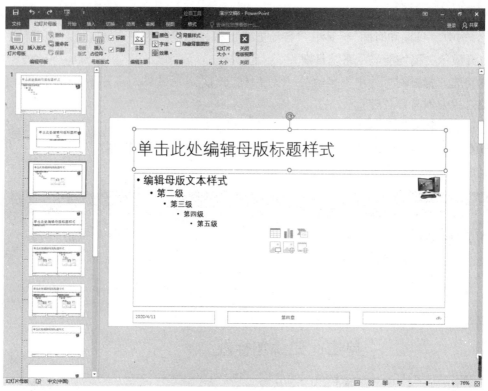

图 4-41　编辑字体

图 4-42　艺术字

③单击"绘图工具/格式"选项卡,在"插入形状"组选择"编辑形状"下拉菜单,单击"更改形状",在矩形组中选择圆角矩形,如图4-43所示。

图4-43 编辑形状

④单击"绘图工具/格式"选项卡,在"形状样式"组中选择"形状轮廓"下拉菜单,选择虚线样式与颜色,如图4-44所示。

⑤在功能区中,单击"幻灯片母版"选项卡,单击"关闭母版视图"。所有标题内容版式(2~4页)的标题都具有刚才设置的效果。第1页是标题版式,第5页由于是比较版式,因此标题均没改变,如图4-45所示。

4. 除标题幻灯片外,为其他幻灯片添加统一的背景图片

操作步骤:

①选择"视图"选项卡"母版视图"组中的"幻灯片母版"命令,进入幻灯片母版视图。

微课4-9
设置模板背景

②选定第一张母版,在"幻灯片母版"选项卡"背景"组中单击"背景样式",选择"设置背景格式",如图4-46所示。

③在"设置背景格式"对话框中,选择"图片或纹理填充",选择插入图片来自"文件…",打开"插入图片"对话框,选择事先准备的背景图片,单击"插入"按钮,如图4-47所示。关闭对话框,此时所有版式均具有背景图片。

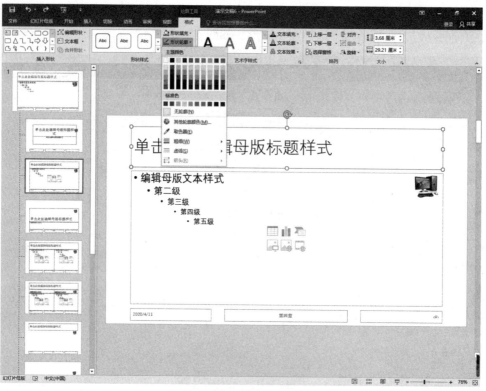

图 4-44 形状轮廓

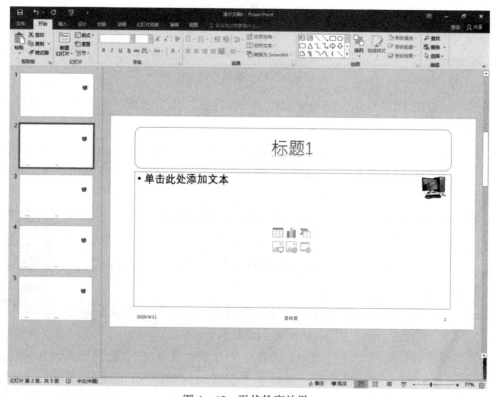

图 4-45 形状轮廓效果

第4章 PowerPoint 2016演示文稿制作

图4-46 添加背景

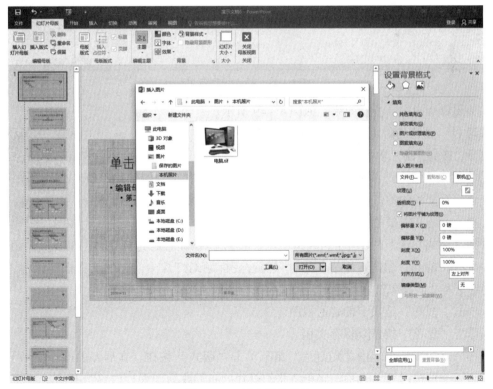

图4-47 插入图片背景

④选定标题幻灯片版式,再次打开"设置背景格式"对话框,选择"图片或纹理填充",单击"纹理"下拉菜单,选择"信纸",如图4-48所示。

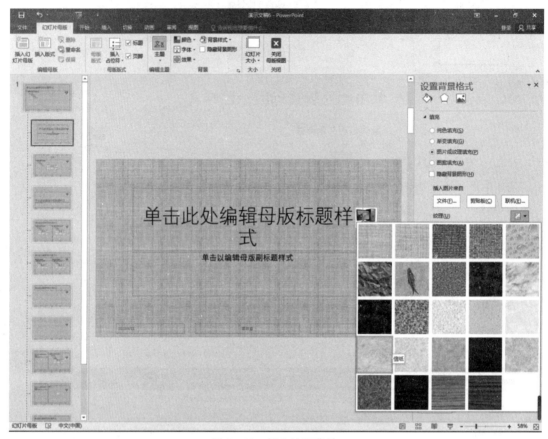

图4-48 插入纹理背景

⑤关闭母版视图,查看效果,如图4-49所示。

练习11:创建幻灯片母版改变幻灯片版式。

打开"产品介绍-学号"演示文稿,按下面的操作步骤练习创建幻灯片母版:

①单击"视图"选项卡,选择"母版视图"分组中的"幻灯片母版"命令。显示演示文稿的幻灯片母版(注:请勿显示讲义母版或备注母版)。

微课4-10
母版的使用

②右击标题文本框的任意位置。

③在"格式"工具栏中单击 Arial 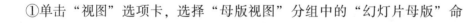下拉按钮并且选择字体,确认 44 下拉列表框中显示的是44,单击 B 按钮。此时只需改变标题幻灯片中的标题文本框的风格。注意如果标题文本太长将怎样转到下一行,又将怎样出现在幻灯片上。

④单击"视图"选项卡的普通视图。

⑤单击"保存"按钮保存文稿。

⑥在"开始"选项卡中"幻灯片"组下单击"版式"按钮,在展开的库中显示了多种版式,选择"两栏内容"选项。将第7张幻灯片的布局改为"两栏内容"布局。

⑦再次保存演示文稿。

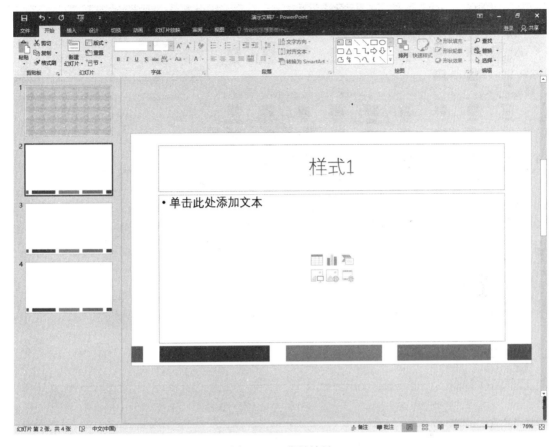

图 4-49　背景效果

4.4.4　幻灯片的切换效果

幻灯片的切换效果是指幻灯片播放过程中，从一张幻灯片切换到另一张幻灯片的时间效果、速度及声音等。对幻灯片设置切换效果后，可丰富放映时的动态效果。注意，不要在幻灯片的切换过程中应用太多不同的动画效果，否则可能会分散观众的注意力。各种类型的幻灯片（如项目符号列表、图表等）之间的切换方式要与对应的幻灯片类型相协调。

1. 设置切换方式

选中幻灯片，在功能区"切换"选项卡"切换到此幻灯片"组的列表框中，选择切换方式"涟漪"，如图 4-50 所示。在"切换到此幻灯片"组中单击"效果选项"按钮，在下拉列表中选择方向，如从左下部。

微课 4-11
设置切换效果

2. 设置切换声音与持续时间

选中要设置切换声音的幻灯片，切换到"切换"选项卡，在"计时"组的"声音"下拉列表中设置切换声音。在当前幻灯片中，在"持续时间"微调框中设置切换效果的播放时间。

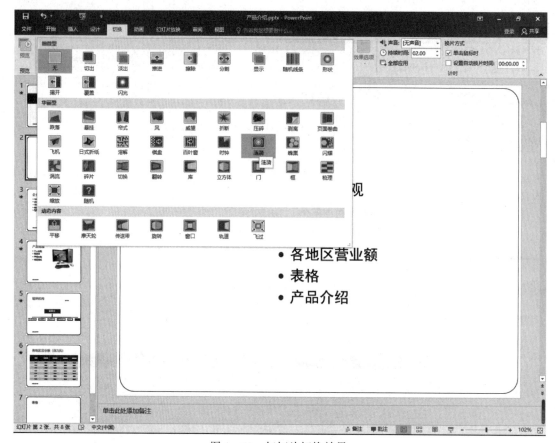

图 4-50 幻灯片切换效果

3. 删除切换效果

选中要删除切换方式的幻灯片，切换到"切换"选项卡，在"切换到此幻灯片"组中选择"无"选项即可。

4. 删除切换声音

选中要删除切换声音的幻灯片，切换到"切换"选项卡，在"计时"组的"声音"下拉列表中单击"无声音"选项即可。

4.4.5 动画效果

在 PowerPoint 中可以为文本、形状、声音、图像和图表等对象设置动画效果。设置动画效果时，可以突出重点，控制信息的流程，加强演示的效果。

1. 添加动画

首先在幻灯片中选择要设置动画的对象，选择"动画"选项卡，单击"动画"选项组中的"其他"按钮，在其下拉菜单中选择动画样式即可，如图 4-51 所示。动画分为四大种类，分别是"进入""退出""强调"和"动作路径"。

微课 4-12
插入动画

第一种:"进入"效果,是自定义动画对象的出现动画形式,比如可以使对象逐渐淡出、从边缘飞入幻灯片或者跳入视图中等。

图 4-51 添加动画效果

第二种:"强调"效果,有基本型、细微型、温和型及华丽型四种特色动画效果,这些效果的示例包括使对象缩小或放大、更改颜色或沿着其中心旋转。

第三种:"退出"效果,这个自定义动画效果与"进入"效果相反,它是自定义对象退出时所表现的动画形式,如让对象飞出幻灯片、从视图中消失或者从幻灯片旋出。

微课 4-13
插入进入
动画效果

第四种:"动作路径"效果,这一个动画效果是根据形状或者直线、曲线的路径来展示对象游走的路径,使用这些效果可以使对象上下移动、左右移动或者沿着星形或圆形图案移动(与其他效果一起)。如果对 PowerPoint 演示文稿中内置的动画路径不满意,可以自定义动画路径。

【注意】对一个对象应用第二种动画时,之前的动画自动取消。如果某个对象需要添加两种以上动画,例如,对一行文本应用"飞入"进入效果及"陀螺旋"强调效果,使它旋转起来,需要在"动画"选项卡中的"高级动画"组中通过"添加动画"按钮实现。

2. 编辑动画

选择"动画"选项卡"高级动画"组中的"动画窗格"命令按钮,如图 4-52 所示。

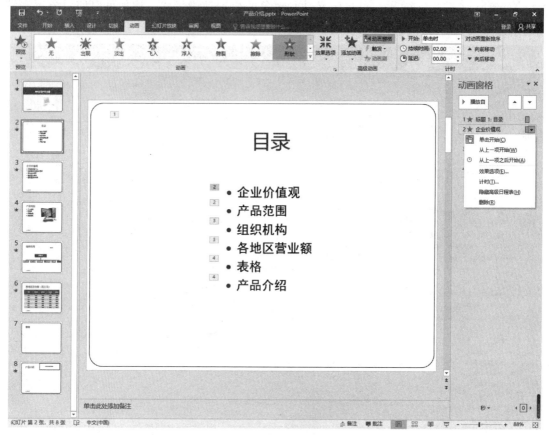

图 4-52 动画窗格

调整动画顺序：在动画窗格中，选中需要调整的动画，拖动鼠标，将其拖拉到目标位置，松开鼠标即可。双击每一栏（或单击下拉菜单，选择效果选项），会出现动画的详细设置。对于不同动画效果，各个设置会有所差别。

"开始"：默认动画是单击时播放，单击"动画"选项卡"计时"组中的"开始"下拉菜单，如图 4-53 所示，可以改变播放方式。"与上一个动画同时"表示上一个动画播放的同时，播放这个动画；"上一动画之后"表示上一个动画播放结束再播放这个动画，还可以指定动画的播放时间和延迟时间。

【提示】当不再需要动画效果时，可以从动画窗格中将其移除。

"动画刷"：是一个能复制一个对象的动画，并应用到其他对象的动画工具。使用方法：单击要设置动画的对象，单击"动画"选项卡"高级动画"组中的"动画刷"按钮，当鼠标变成刷子形状的时候，单击需要设置相同自定义动画的对象便可。

微课 4-14
动画刷的使用

"触发"：给动画添加触发器。即只有鼠标单击某个设定的对象，动画才出现。

练习 12：动画效果。

打开"产品介绍-学号"演示文稿，按下面的操作步骤练习创建幻灯片母版。

①选择第 1 张幻灯片，单击标题占位符。

②选择"动画"选项卡,单击"动画"选项组中的"其他"按钮,选择"强调"类"加粗闪烁"项。对第1张幻灯里的标题应用"加粗闪烁"的强调动画效果。(注:接受所有其他默认设置)

③选择第三张幻灯片,单击标题占位符。

图4-53 缩放动画

④选择"动画"选项卡,单击"动画"选项组中的"其他"按钮,选择"进入"类"缩放"项,如图4-54所示。对第3张幻灯里的"标题"占位符应用"缩放"的进入动画效果。(注:接受所有其他默认设置)

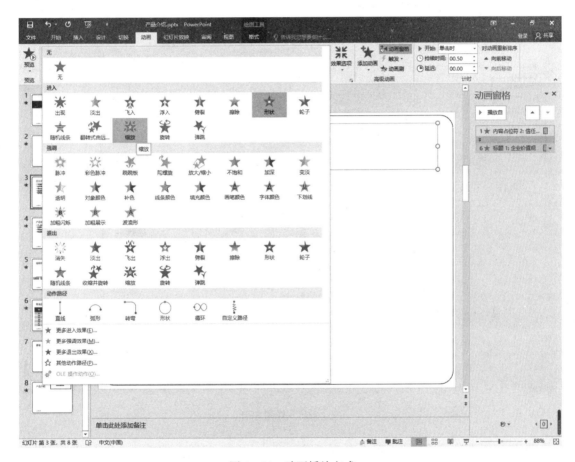

图4-54 动画播放方式

⑤在第6张幻灯片中选中标题,选择"动画"选项卡,单击"动画"选项组中的"其他"按钮,在"强调"动画中单击"放大/缩小",将第6张幻灯片的标题应用"放大/缩小"的强调动画效果。

4.4.6 制作相册

1. 新建相册

新建相册的基本操作步骤如下:

微课4-15
相册制作

①首先把所需要插入的图片都放到一个文件夹中,然后启动 PowerPoint 2016,单击功能区中的"插入"选项卡,选择"相册"下拉菜单中的"新建相册",打开"相册"对话框,单击"插入图片来自"中的"文件/磁盘"按钮,在出现的"插入新图片"对话框中选择刚刚建立的文件夹,所需的图片全部选中后,单击"插入"按钮,即可将全部图片插入,如图 4 - 55 所示。

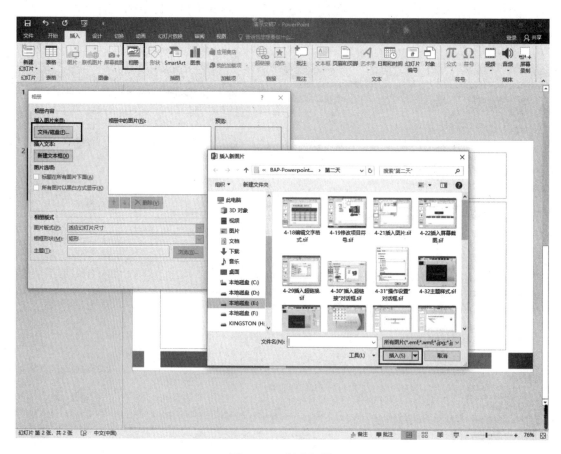

图 4 - 55　新建相册

②在"相册"对话框中,可以看到所需的图片已经全部插入进来了。接下来还可以进行一些设置,比如调整图片的顺序、对图片的明暗度等进行适当的调节等。在"相册版式"选项中,可以对"图片版式"进行设置,如可以设置成"适应幻灯片尺寸",这样插入的图片就自动调整到满屏状态。也可以设置成每张幻灯片放几张图片,这里选择两张。如果愿意的话,还可以给图片加上喜欢的相框,这里选择"柔化边缘矩形"。设置完毕后,单击"创建"按钮即可。如图 4 - 56 所示。

③此时相册背景为白色,为美化幻灯片,也可添加主题。在"设计"选项卡中选择主题,此处选择"花纹",如图 4 - 57 所示。

第4章　PowerPoint 2016演示文稿制作

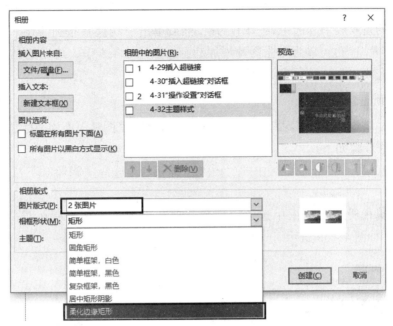

图 4-56　相册选项卡

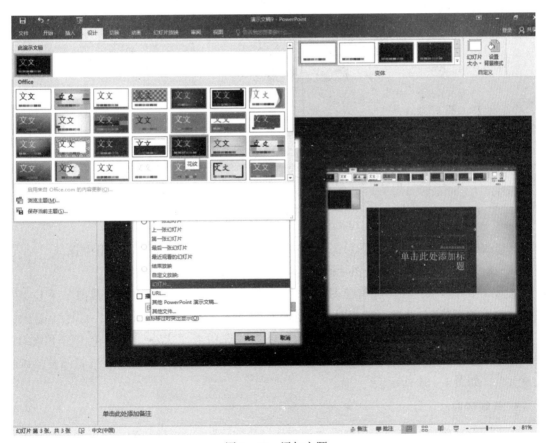

图 4-57　添加主题

④要让相册"动"起来，需要添加幻灯片切换效果，使幻灯片更具有趣味性，且更好地增强幻灯片的播放效果。选中某一幻灯片，然后单击"切换"按钮，在下拉菜单中选择"切换到此幻灯片"。也可以为每张图片添加动画，参见 4.4.5 节。最后把 PPT 文件保存起来，相册制作完成。

2. 编辑相册

相册制作好以后，还可以对相册进一步完善，如在每张图片下面添加标题，还可以修改图片效果，操作步骤如下：

①打开已有相册，单击功能区中的"插入"选项卡，选择"相册"下拉菜单中的"编辑相册"。

②在"编辑相册"对话框中选中"图片选项"组的"标题在所在图片下方"，单击"更新"按钮，如图 4-58 所示。

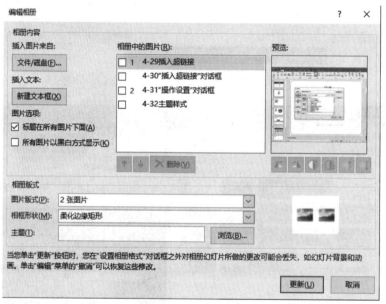

图 4-58　编辑相册

③修改图片效果，单击"图片工具/格式"选项卡，在"图片样式"组中选择"旋转，白色"，如图 4-59 所示。单击图片边框，将白色边框修改为更柔和的色彩。

③修改图片形状，在"图片工具/格式"选项卡"大小"组中选择"裁剪"下拉菜单中的"裁剪为形状"，选择"剪去对角的矩形"，如图 4-60 所示。

④修改图片大小与位置，在"图片工具/格式"选项卡"大小"组中单击右下角的选项，打开"设置图片格式"对话框，去掉"锁定纵横比"的选中状态，即可将图片修改成任意大小，如图 4-61 所示。

3. 录制旁白

在"幻灯片放映"选项卡中选择"录制幻灯片演示"，即可录制旁白和每页幻灯片的播放时间。

第4章　PowerPoint 2016演示文稿制作

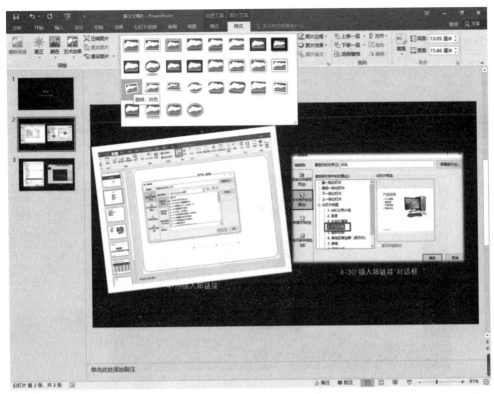

图 4-59　修改图片效果

图 4-60　修改图片形状

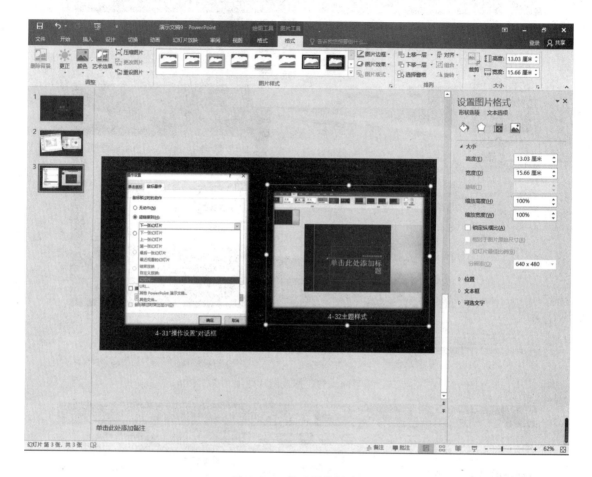

图 4-61 修改图片尺寸

4. 保存成自动播放影片并压缩图片

如果要向同事或朋友发送 PowerPoint 演示文稿，或者希望在展台展览，可能需要用户立即观看幻灯片放映，而不是看到幻灯片中的演示文稿编辑模式。将 PowerPoint 演示文稿保存为 PowerPoint 放映（.ppsx 文件），以便在打开文件时，它会自动启动幻灯片放映。即使用户机器没有安装 PowerPoint，也可以观看。需要注意的是，放映文件不可以编辑。

① 在"另存为"对话框中选择保存位置，选择保存类型为 PowerPoint 放映（.ppsx），输入文件名。

② 单击"工具"下拉菜单，选择"压缩图片"，选择某一压缩方式，如图 4-62 所示。

第4章　PowerPoint 2016演示文稿制作

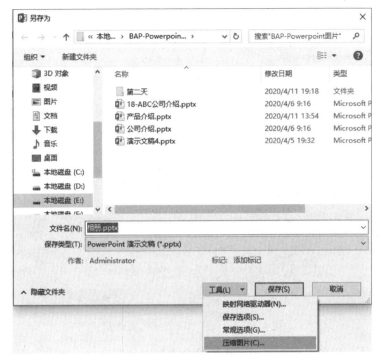

图4-62　保存压缩图片

4.5　演示文稿的放映

本节内容主要包括设置放映方式、设置放映时间、启动幻灯片放映、控制幻灯片放映及其在放映过程中的墨迹标注。

4.5.1　设置放映方式

演示文稿制作完成后，就可以开始放映幻灯片了，根据幻灯片的用途和观众的需求，有的由演讲者播放，有的让观众自行播放，这需要通过设置幻灯片放映方式进行控制，幻灯片放映有多种放映方式。

1. 设置放映方式

选择"幻灯片放映"选项卡中的"设置幻灯片放映"命令，调出"设置放映方式"对话框，如图4-63所示。

（1）放映方式

在对话框的"放映类型"组中，三个单选按钮决定了放映的三种方式：

微课4-16
自定义放映

演讲者放映：最常用的全屏幕放映方式，适合会议或教学的场合，放映进程完全由演讲者控制。既可手动换片，也可自动换片。演讲者可以通过PgDn、PgUp键显示上一张或下一张幻灯片，也可右击幻灯片，从快捷菜单中选择幻灯片放映或用绘图笔进行勾画，好像拿笔在纸上写画一样直观。

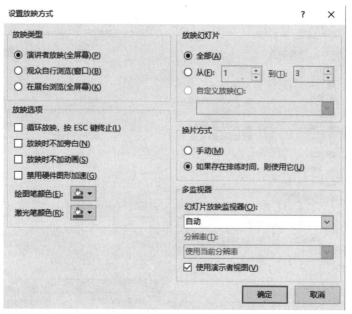

图 4-63 "设置放映方式"对话框

观众自行浏览：以窗口形式显示。在展览会上若允许观众自己操作，则采用此方式。它在窗口中展示演示文稿，允许观众利用窗口命令控制放映进程。

在展台浏览：以全屏幕形式在展台上做演示用。若演示文稿在展台等无人看管的地方放映，可采用此方式。不允许通过鼠标或键盘切换幻灯片，换片方式一般为自动换片方式，或通过超链接由用户实现跳转。

（2）放映范围

"放映幻灯片"组提供了幻灯片放映的范围，有三种：全部、部分、自定义放映。其中，"自定义放映"是通过"幻灯片放映"选项卡中的"自定义幻灯片放映"命令，逻辑地将演示文稿中的某些幻灯片以某种顺序排列，并以一个自定义放映名称命名，然后在"幻灯片"框中选择自定义放映的名称，就仅放映该组幻灯片。

（3）换片方式

"换片方式"组供用户选择是手动还是自动换片。PowerPoint 2016 提供了四种放映方式供用户选择：

循环放映，按 Esc 键终止：当最后一张幻灯片放映结束时，自动转到第一张幻灯片进行再次放映。

放映时不加旁白：在播放幻灯片的进程中不加任何旁白，如果要录制旁白，可以利用"幻灯片放映"中的"录制旁白"选项。

放映时不加动画：该项选中，则放映幻灯片时，原来设定的动画效果将不起作用。如果取消选择"放映时不加动画"，动画效果又将起作用。

最后一种是 PowerPoint 2016 新提供的功能，是禁用硬件图形加速。

4.5.2 设置放映时间

设置幻灯片在屏幕上显示时间的长短有两种方法:一种是靠人工指定的方式控制放映时间,另一种是通过排练计时的方式自动记录排练的时间。

1. 手动控制

单击"幻灯片放映"选项卡中的"设置幻灯片放映"菜单命令,在弹出的"设置放映方式"窗口中,设置换片方式为"手动"。

2. 排练计时

单击"幻灯片放映"选项卡中的"排练计时"菜单命令。此时系统将切换到全屏放映状态,并显示"录制"工具栏,如图4-64所示。

图4-64 "录制"工具栏

使用"录制"工具栏的不同按钮可以实现暂停、重新播放和下一项等按钮。

①若要播放下一张幻灯片,则单击"下一项"按钮,系统会在"幻灯片放映时间"中记录新幻灯片的播放时间。

②通过"暂停"按钮,可以暂停计时和继续计时。

③通过"重复"按钮,则重新对当前幻灯片计时。

排练放映结束后,将弹出如图4-65所示的对话框,提示用户是否保留新的幻灯片排练时间。单击"是"按钮,确认应用排练计时时间,此时会切换到幻灯片浏览视图,在每张幻灯片的左下角显示出该幻灯片的放映时间。

图4-65 保存排练计时对话框

4.5.3 启动幻灯片放映

完成对演示文稿的放映方式设置后,就可以放映幻灯片了。启动 PowerPoint 2016 的幻灯片放映,可以使用下列方式之一:

①选择"幻灯片放映"选项卡中的"从头开始"或"从当前幻灯片开始"命令。

②单击屏幕右下角的"从当前幻灯片放映"按钮。

③按 F5 键(从头开始)或 Shift + F5 组合键(从当前幻灯片开始)。

在演示过程中,单击屏幕左下角的图标按钮、右键快捷菜单或用光标移动键(→、↓、←、↑)均可实现幻灯片的选择放映;幻灯片以全屏模式进行放映;在幻灯片放映结束时,默认情况下 PowerPoint 会显示空白屏幕。

4.5.4 控制幻灯片放映

在幻灯片放映期间,使用幻灯片放映屏幕左下角的 等按钮来浏览或者激活特殊选项。

在幻灯片放映期间使用"备注"按钮 显示拥有其他命令的菜单。该菜单中的前两个命令的功能分别对应左下角"上一页" 和"下一页"按钮 。也可以在幻灯片的任何位置通过右击来显示该菜单。

单击 按钮来编辑或者强调演示文稿中的一些事项,也可以使用箭头选项来调整笔的设置,或者改变墨水的颜色。在放映之前一定要做测试,以确定颜色不会冲突,并且在演示室的任何地方都能看到放映的幻灯片。

要在任何位置停止放映幻灯片,可单击 按钮,或者在幻灯片的任意位置右击,以显示备注菜单,然后选择"结束放映"命令。也可以在任何时候按 Esc 键来结束放映。

4.5.5 墨迹标注

在放映过程中,有时需要对幻灯片的内容进行标注。可以使用快捷菜单的"指针选项"功能进行墨迹标注,如图 4-66 所示。

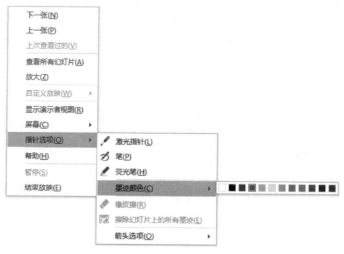

图 4-66 墨迹标注

①在放映视图下,单击右键菜单的"指针选项",或单击屏幕左下角快捷菜单的第三个按钮,指针选项菜单就会弹出来。

②单击"激光指针""笔"或"荧光笔",即可在放映的幻灯片上添加标注。标注的颜色可以通过"墨迹颜色"菜单项进行指定。

③若要擦除标注,可以单击"橡皮擦"或"擦除幻灯片上的所有墨迹"。

④若要退出标注模式,使鼠标恢复原状,则单击"箭头选项"。

如果放映的过程中添加了墨迹,在结束放映时,系统会询问是否保存墨迹,以在下次放映时显示。

4.6 打印与打包演示文稿

幻灯片除了可以放映给观众观看以外,还可以打印出来进行分发。打印有两个步骤:

1. 页面设置

页面设置主要设置了幻灯片打印的大小和方向。选择"设计"选项卡"自定义"组中的"幻灯片大小"下拉菜单中的"自定义幻灯片大小"命令,出现"幻灯片大小"对话框,如图 4-67 所示。在对话框中设置打印的幻灯片大小、方向及幻灯片编号起始值。设置完成后,单击"确定"按钮。

如果要建立自定义的尺寸,可以在"宽度"和"高度"框中输入需要的尺寸。

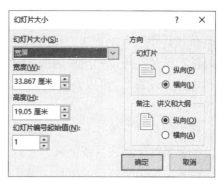

图 4-67 页面设置对话框

在"幻灯片编号起始值"框中输入幻灯片起始号码。

在"方向"框中指明幻灯片及备注、讲义和大纲等的打印方向为"横向"或"纵向"。

2. 打印

选择"文件"选项卡中的"打印"命令项或按 Ctrl + P 组合键,出现"打印"工作窗口,如图 4-68 所示。可以根据自己的需要进行打印设置。比如,打印幻灯片采用的颜色、打印的内容、打印的范围、打印的份数及是否需要打印成特殊格式等。

微课 4-17
打印设置

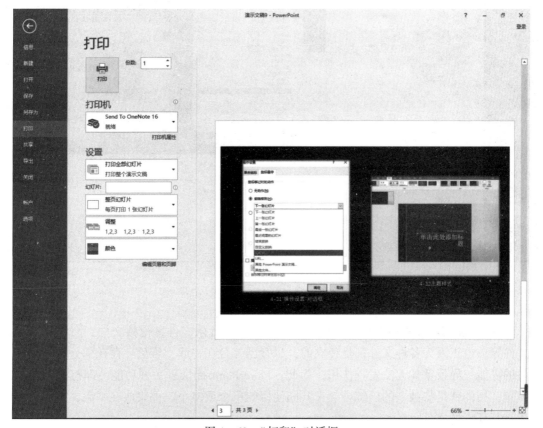

图 4-68 "打印"对话框

在"份数"选项组中,可设置想要打印的份数。

在"打印"对话框中,在"打印机"栏内可以选择打印机的名称。单击旁边的"打印机属性"按钮,可以弹出对话框,设置打印机属性、纸张来源和大小等。

选择"设置",可以设置打印全部幻灯片、整页幻灯片、单双面打印、排序、横向/纵向等。

在"幻灯片"文本框中,可输入页码,指定打印哪些幻灯片。

如果要打印备注页或讲义,可以打开"整页幻灯片"下拉框,如图 4 – 69 所示,选择这个演示文稿中要打印的项目。讲义是打印在演示文稿中的幻灯片副本,通常用于向其他人传递信息。可以设置每页上打印的幻灯片的张数,每页最多 9 张幻灯片。

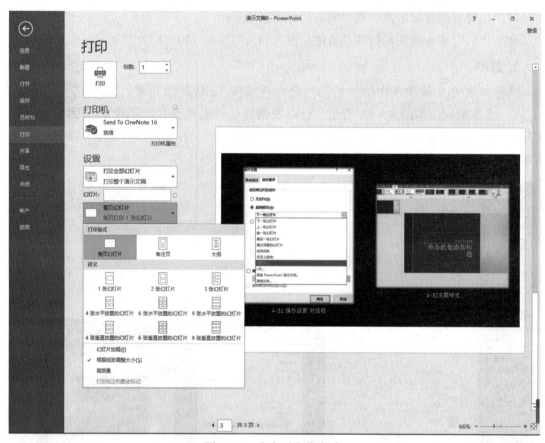

图 4 – 69 幻灯片打印版式

3. 打包

PowerPoint 演示文稿通常包含各种独立的文件,如音乐文件、视频文件、图片文件和动画文件等。也正因为各种文件都是独立的,尽管已综合在一起,难免会存在部分文件损坏或丢失的可能,导致整体无法发挥作用,为此,PowerPoint 提供了一种功能,即打包功能。所谓打包,指的就是将独立的已综合起来共同使用的单个或多个文件集成在一起,生成一种独立于运行环境的文件。

打包能解决运行环境的限制和文件损坏或无法调用等不可预料的问题,比如,打包文件能在没有安装 PowerPoint、Flash 等环境下运行，在目前主流的各种操作系统下运行等。

在 PowerPoint 窗口菜单中选择"文件"选项卡中的"导出"命令，选择"将演示文稿打包成 CD"，弹出如图 4-70 所示的对话框。

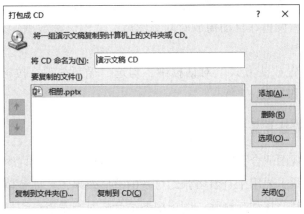

图 4-70　打包成 CD

①添加文件：指的是将 PowerPoint 演示文稿涉及的外部文件或幻灯片中链接到的各种文件添加到一起，随演示文稿一起打包，集成在一起，避免打包后的文件找不到可调用的文件。

②选项：把链接的文件这一项勾选上，以防万一。至于密码的设置，根据演示文稿的保密程度而定。

③复制到文件夹：以上两步都设置好了，就可以进行打包了。"复制到文件夹"指的就是将各种文件集成到一起，存放到一个指定的文件夹中。

【知识拓展】如果计算机光驱带有刻录功能，单击"复制到 CD"，可以将打包集成的文件存放到光盘，以便文件的使用和传输。

4.7　PPT 操作技巧

4.7.1　隐藏幻灯片

在进行幻灯片播放操作时，如果想要某些幻灯片不播放，但又不想将其删除，可使用幻灯片的隐藏功能。对幻灯片进行隐藏操作后，该幻灯片将不排列在播放列表中。

右击所需隐藏的幻灯片，在快捷菜单中选择"隐藏幻灯片"命令，此时该幻灯片序号上出现隐藏标识，表明该幻灯片已被隐藏。

两次执行此命令，可以取消幻灯片的隐藏。

4.7.2　插入录制的声音

在制作幻灯片的时候，可以进行现场录音。

单击"插入"选项卡，在"媒体"组的"音频"下拉菜单中选择"录制音频"命令，将会打开"录制声音"对话框，即可开始录音。

4.7.3 实现循环放映

在展示过程中，经常将幻灯片循环播放作为宣传的主要手段。下面介绍设置方法。

①打开演示文稿，设置好自动播放时间，然后在"幻灯片放映"选项卡中单击"设置幻灯片放映"按钮。

②在打开的"设置放映方式"对话框中，勾选"循环放映，按 Esc 键终止"复选框，然后单击"确定"按钮即可。

4.7.4 根据操作目的选择视图

普通视图与大纲视图适合大部分编辑操作，可以编辑幻灯片的内容，也可以进行便捷的导航。幻灯片浏览视图主要用于查看多张幻灯片的总体效果，比如整体效果是否统一，也用于对整张幻灯片的复制、移动与删除；阅读视图适合临时查看单一幻灯片的整体效果。

4.7.5 文本分栏

与 Word 类似，PowerPoint 可以在文本框中创建分栏文本。分栏命令可在"开始"选项卡的"段落"组中找到。

本章小结

本单元介绍了使用 Microsoft PowerPoint 创建简单的演示文稿操作，讲解了创建幻灯片母版及管理幻灯片，对演示文稿中的文本进行编辑，调整文档的格式，插入图片、表格或者绘制对象，使幻灯片中的对象和文本富有生气。通过学习，读者能够创建、编辑、打开、保存和关闭演示文稿，创建幻灯片母版及改变幻灯片的版式，对演示文稿中的文本进行编辑，调整文档的格式，在幻灯片中添加图形、插入表格、插入图表，调整或者编辑对象；定制动画效果等操作技能。

同步测试

1. 要从目前所查看的幻灯片开始播放，可按快捷键 Shift + F5 完成。（　　）
   A. 正确　　　　　　　　　　　　B. 错误
2. PowerPoint 2016 中，"超链接"的作用是（　　）。
   A. 在演示文稿中插入幻灯片
   B. 中断幻灯片的放映
   C. 实现演示文稿中幻灯片的移动
   D. 实现幻灯片之间的跳转
3. 在 PowerPoint 2016 幻灯片中，占位符的作用是（　　）。
   A. 为文本、图形预留位置

B. 限制插入对象的数量

C. 表示图形大小

D. 表示文本的长度

4. PowerPoint 中，能实现一屏显示多张幻灯片的视图方式为（   ）。

A. 普通视图　　　　　　　　　　B. 幻灯片浏览视图

C. 阅读视图　　　　　　　　　　D. 幻灯片母版视图

5. 对于 PowerPoint 2016 中所插入的音频，错误的说法是（   ）。

A. 可以在 PowerPoint 2016 中调整音频的音量

B. 可以将音频设置为循环播放，直到演示文稿放映结束

C. 可以将音频设置为演示文稿的背景音乐，使其跨幻灯片播放

D. 无法在 PowerPoint 2016 中对音频进行剪辑

6. 在 PowerPoint 2016 中，对于由多部分内容组成的结构复杂的演示文稿，正确的处理方法是（   ）。

A. 对不同部分内容的幻灯片应用不同的字体

B. 对不同部分内容的幻灯片应用不同的主题

C. 为不同部分内容的幻灯片创建单独的节

D. 对不同部分内容的幻灯片应用不同的版式

7. 在 PowerPoint 2016 中，如果想要让某张幻灯片在放映 10 秒后自动切换到下一张幻灯片，正确的操作是（   ）。

A. 在 PowerPoint 2016 后台视图中将该张幻灯片的切换时间设置为 10 秒

B. 设置该张幻灯片的自动换片时间为 10 秒

C. 设置该张幻灯片的持续时间为 10 秒

D. 设置该张幻灯片的延迟时间为 10 秒

8. 在 PowerPoint 中，自定义动画效果时，（   ）。（选择两项）

A. 可以设置动画效果的触发条件

B. 不能改变动画的播放速度

C. 可以为动画添加声音

D. 可以改变动画的颜色

9. 以正确的顺序排列以下的动作，完成在 PowerPoint 2016 中利用选项卡插入音频文件。（   ）

A. 浏览计算机，搜寻声音文件

B. 选取幻灯片

C. 在"媒体"组中选择"插入音频"图标

D. 单击"插入"选项卡

10. 在 PowerPoint 2016 中，将下列操作步骤排列成合适的顺序，实现为对象"设置动画"这一功能。（   ）

A. 选定设置动画的对象

B. 选择"动画"选项卡

C. 单击"动画"组中的展开按钮,打开动画效果样式列表

D. 选定动画效果

11. 在 PowerPoint 2016 中,将当前演示文稿母版标题的字体改为"楷体"。正确排列以下动作顺序。(　　)

A. 在"关闭"组中单击"关闭母版视图"

B. 在"视图"选项卡的"母版视图"组中单击"幻灯片母版",打开幻灯片母版版式窗口

C. 单击"幻灯片母版"选项卡

D. 单击母版标题任意位置,并在"开始"选项卡的"字体"组中将字体修改为"楷体"

12. PowerPoint 2016 演示文稿"播放文件"的扩展名为_____。

参考答案

第2章

1. C 2. C 3. D 4. C 5. B 6. A 7. B 8. C 9. A 10. B 11. A 12. B 13. D 14. B 15. D 16. C 17. D 18. A 19. DACB

第3章

1. D 2. B 3. C 4. B 5. D 6. B 7. D 8. C 9. AB 10. BDAC
11. A-6，B-1，C-3，D-2，E-5，F-4

第4章

1. A 2. D 3. A 4. B 5. D 6. C 7. B 8. AC
9. BDCA 10. ABCD 11. BDCA 12. .pptx